JN004425

統計学の絵本

竹内俊彦／著　山口真理子／絵

Ohmsha

はじめに

この本は「統計学の入門書を読む前に、入門書の入門書を読みたい、いや、できればそれさえ読みたくない」という人、つまり著者のような人向けの本です。マンガを利用した統計学の入門書はたくさんありますが、本書は絵本であることが特徴です。

この絵本のストーリーは「主人公の女子中学生、美統が猫のタイム君に導かれ、妖精たちの住む３つの国を一晩のうちに訪れ、妖精たちの問題を解決したり、妖精たちに教えられたりして成長する」というものです。要は統計学版クリスマス・キャロルです。記述統計学→推測統計学→ベイズ統計学を、過去→現在→未来という、３つの妖精の国で説明しています。

自分は統計の専門家ではありません。ただ昔から、専門外のジャンルをにわか勉強し、わかりやすく解説することが好きでした。たとえば過去には、群論や包絡分析法や遺伝的アルゴリズムを解説したPDFを、サイト「らいおんの家」で公開しています。また数学や論理学を利用したクイズも大好きで、よく自分で作って「人力検索はてな」で、lionfanというハンドルで発表していました。

この本でも、統計を説明するときに、目新しい話を紹介しようと努めています。楽しんでください。

2021年12月

竹内　俊彦

目次

私の名前は美統（みと）。
中学2年生。
勉強やスポーツが得意だけど
アイディアを形にすることも大好きで
このスケッチブックには
私の世界が詰まってるの。
ART SKETCH

わたしの母はデータサイエンティストといって
大量のデータをもとに問題を分析して
解決するスペシャリストなの。

そんな母に憧れて、
私もいっぱい
勉強するようになったんだ。

だけど今日は大事なテストで大失敗。
クラスメートにからかわれて、もう、最悪。

「どうしてみんな、
テストの点数ばかりにこだわるのよ。
点数ばかりが全てじゃないのに。」

「あらあら。荒れてるわね。だけど美統？
あなただって、本当の意味で学んだことを活用できていれば
まわりの声も気にならなくなるはずじゃない？」

「本当の意味で？」

「ふふふ。あと一週間もすれば、
きっとわかるようになっているわよ。」
お母さんはイタズラっぽく笑いました。

美統は自分の部屋にいくと
スケッチブックを開きました。

「なんでも解決してくれる妖精がいたらいいのに。」
美統が自分の猫をモデルに妖精を描いたその時、
突然スケッチブックが光りはじめました。

「ま、まぶしい！」

光がおさまって目をあけると
美統が描いた猫の妖精がふわふわと目の前に浮いているではありませんか。

「わたしの名前はタイム。美統、あなたをある場所に案内するためにやってきました。
問題を解決するのは誰でもない。美統、きみ自身なんです。」

タイムがもっていたステッキを振った瞬間、
美統は光に包まれてしまいました。

美統はこれから
3つの国を時代を越えて
旅することになります。
各国の住人たちが
美統を待っています。

美統は自分の知恵と知識を使って
問題を解決できるのでしょうか。

第1章
デイス国

美統が目を開けると、そこは知らない世界。
いつの間にか豪華な椅子に座っていました。
「・・・ここはどこ？」
「デイス国です、女神さま。」

足元に目をむけると、小さな生き物が
うれしそうに美統を見上げていました。

「妖精･･･なの？私は女神ではないんだけど…？」
困り果てた美統をみた妖精たちは
ますますうれしそうな顔になりました。

「予言の書に
書いてあった通りだ！」

「うん！間違いないね！」

「予言の書？」
美統はとにかく状況を把握しようと思いました。

「はい。『予言の書』は妖精の一族に伝わる大切な書物。」
「今日、女神さまが現れることもそこに書いてあったのです。」

「女神さま。
私たち一族の望みを叶えてくださいますか？」
「私　が　？」
美統は突然の申し出に困ってしまいました。
「そんなこと、いきなり言われても・・・。」

「『予言の書』によると、
女神さまが私たちの問題を解決してくださると
記録されているのです。」

私たちの国では、さまざまなデータを細かく記録しています。
民が10万人もいるため、その量は膨大です。
ただ、それを活かす術を知りません。
たとえばこの身長の記録。
全ての民を記録していますが、
このデータから、自分の身長がどの程度、
高いのか低いのかは、わからないのです。
Age 19
Age 6
Bright green
Age 9
pink

「せっかく膨大なデータがあるのに、もったいないわね。」
お母さんが聞いたら目をキラキラさせて喜びそうだなと
美統は思いました。

「女神さま、私たちにデータを活用する方法を教えてください。」
妖精たちの真剣さに美統は決めました。

「よし。じゃあまず10万人のデータを
平均値やグラフにしてみましょう！」

「まずは、『平均値』『中央値』『最頻値』からね。」

こうして、美統と妖精たちとの
挑戦が始まったのでした。

それで、どんなことが知りたいの？

まず、私たち、デイス国の妖精の寿命を知りたいです

美統は妖精に計算方法を教えて、グラフを作らせた。デイス国の平均寿命は8年程度だった。だいたい妖精の寿命は人間の約 $\frac{1}{10}$ くらいなのね、と、美統は思った。

妖精たちはがっかりした様子だった。

どうしたの？

思ったよりも、かなり短かったもので…

美統は慰めた。

まだわからないわよ。寿命を1年ごとに区切ったグラフも見せてくれない？　作り方は教えたでしょ？

妖精たちはデイス国の寿命のヒストグラムを示した。

0～1歳で亡くなる妖精が多い。その後は9歳前後で分布、すそ野が広い。

美統は不思議に思った。

0～1歳で亡くなる妖精が多いけど、どうして？

生まれてすぐの妖精だけがかかる病気があるからです。いまでは治療法がある程度、見つかっていますが、昔は大変でした

美統はにっこりした。

たしかに平均寿命は短いかもしれないけど、それは、生まれてすぐに亡くなる妖精がとても多いからでしょう？　その時期を脱してしまえば、たぶん実感に近いデータになると思う。0〜1歳のデータを外して計算してみたら？

計算しなおすと、デイス国の平均寿命は10歳程度に伸びた。
妖精たちはうれしそうだった。

これでしたら確かに、実感に合った数字です

美統はさらに続けた。

あと聞きたいんだけど、デイス国って何年くらい続いてるの？

今年で30年目です

美統は頭の中で8を掛けて驚いた。240年…江戸時代みたいなもの？

じゃあデイス時代を1くくりにするのは乱暴ね。デイス時代を5年ごとに区切った平均寿命のグラフを見せてくれない？

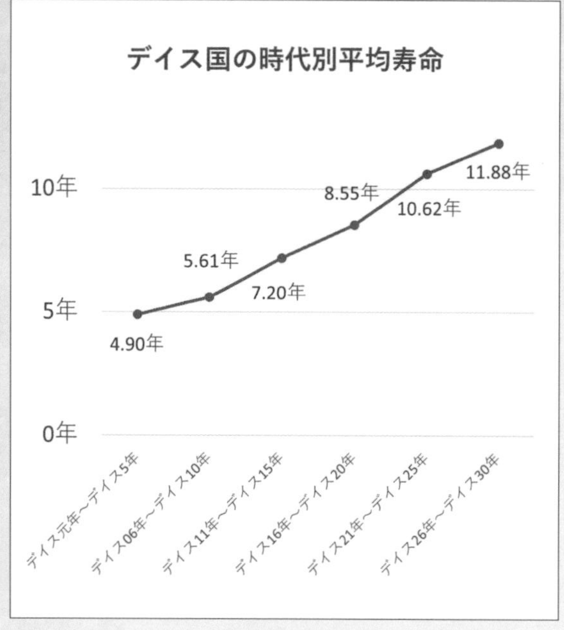

デイス時代を5年ごとに6時代に区切り、時系列で示したグラフ

後の時代になるほど、どんどん平均寿命は延びていた。

5年ごとに分けたら、0～1歳で亡くなる妖精を含めてさえ、平均寿命はどんどん延びてるじゃない。立派なものだと思うわ

妖精たちは喜んだ。

ありがとうございます！　平均やグラフの知識を生かして、いろいろ改善していきます。女神さまのことも、末永く語り伝えたいと思います

その様子を見ていたタイムは、ふたたび本を開いて、また3回、タクトを振りました。

美統、その調子。あなたの力を待っている場所がまだあるんだ

え！　やっと妖精さんたちと仲良くなれそうなところだったのに～！

美統はまた、光に包まれてしまいました。

コラム 平均寿命とは

2020年度の日本人の平均寿命は、男が81.6歳、女が87.7歳です。また定年制を採用する企業は、定年を60歳にすることが多いようです。この2つの数字を見ると、「定年後に備えて、男性なら21.6年、女性なら27.7年の生活費を蓄えよう」と思うかもしれません。ところが実際には、もう少し、お金を蓄える必要があります。というのは、「平均寿命」とは「0歳のときの平均余命」のことだからです。

たとえばあなたが85歳まで生きていたなら、平均的には、さらに男性は6.7歳、女性で8.8歳、生きることになります。「その年齢まで生き延びた」集団に入れたので、そのグループ内の寿命は、「0歳のときの平均余命」よりも長くなるのです。

厚生労働省が発表した2020年簡易生命表の概況によれば、60歳の平均余命は男性なら24.2年、女性なら29.5年です。

平均余命（2020年）

年齢	男	女
0歳	81.6	87.7
5歳	76.8	82.9
10歳	71.9	78.0
15歳	66.9	73.0
20歳	62.0	68.0
25歳	57.1	63.1
30歳	52.3	58.2
35歳	47.4	53.3
40歳	42.6	48.4
45歳	37.8	43.6
50歳	33.1	38.8
55歳	28.6	34.1
60歳	24.2	29.5
65歳	20.1	24.9
70歳	16.2	20.5
75歳	12.6	16.3
80歳	9.4	12.3
85歳	6.7	8.8
90歳	4.6	5.9

期待寿命（2020年）

年齢	男	女
0歳	81.6	87.7
5歳	81.8	87.9
10歳	81.9	88.0
15歳	81.9	88.0
20歳	82.0	88.0
25歳	82.1	88.1
30歳	82.3	88.2
35歳	82.4	88.3
40歳	82.6	88.4
45歳	82.8	88.6
50歳	83.1	88.8
55歳	83.6	89.1
60歳	84.2	89.5
65歳	85.1	89.9
70歳	86.2	90.5
75歳	87.6	91.3
80歳	89.4	92.3
85歳	91.7	93.8
90歳	94.6	95.9

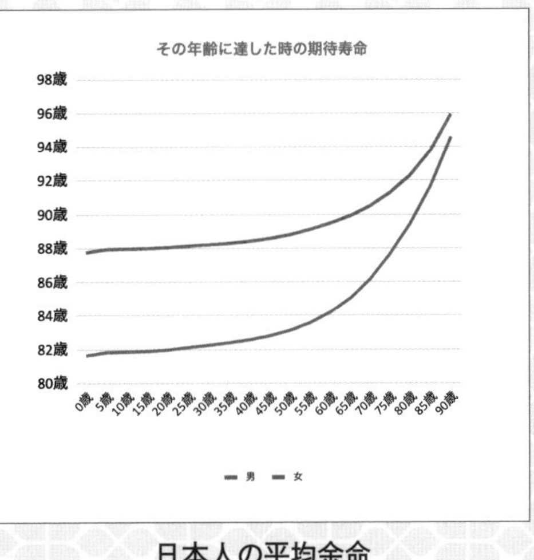

日本人の平均余命

平均値とは、すべてのデータを合計した値を、データ数で割った値のことです。多数のデータをまとめた値のうち、どれか1つだけ知ることができるなら、多くの場合、平均値がいちばん重要です。たとえばある電球の、1万個の製品寿命データがあり、そのデータに関する1つの値だけしか知ることができないなら、真っ先に知りたいのは、製品寿命の平均値でしょう。寿命の長い電球を買ったほうが得ですから。

度数分布表とは、データを一定の幅（階級）に区切り、各範囲にそれぞれデータがいくつあるか（度数）を示した表です。たとえば以下は度数分布表の例です。

度数分布表の例

階級	度数
150以上160未満	34
160以上170未満	1560
170以上180未満	24129
180以上190未満	144805
190以上200未満	349970
200以上210未満	332489
210以上220未満	126906
220以上230未満	19014
230以上240未満	1074
240以上250未満	19

度数分布図とは、縦軸に度数、横軸に階級をとったグラフです。ヒストグラムともいいます。上の表のデータを度数分布図にしたものを次に示します。

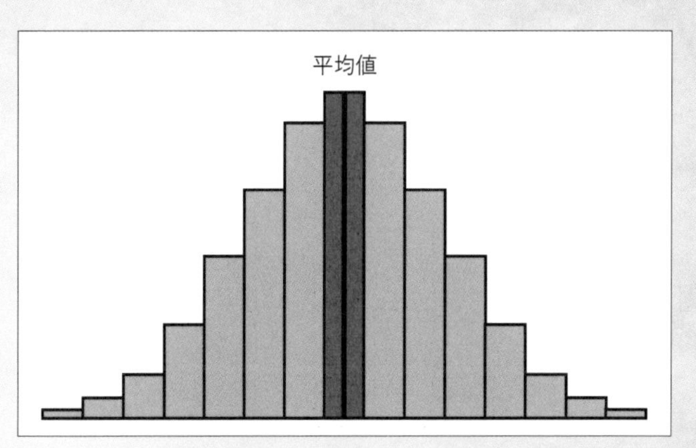

平均値をピークとした1つの山

何かを調べるために、データをたくさん、意図的に集めた場合、データの度数分布図は平均値付近をピークとした1つの山のような形になることが多いです。データが平均値をピークとした山のような形になっていれば、平均値は後に説明する中央値や最頻値とおおむね一致します。その意味でも平均値は、多数のデータを集約した値として重要です。

もちろんデータが平均値付近をピークとした山にならないこともあります。たとえばある電球の製品寿命データを集めて度数分布図にしたら、大きな2つの山ができたとしましょう。

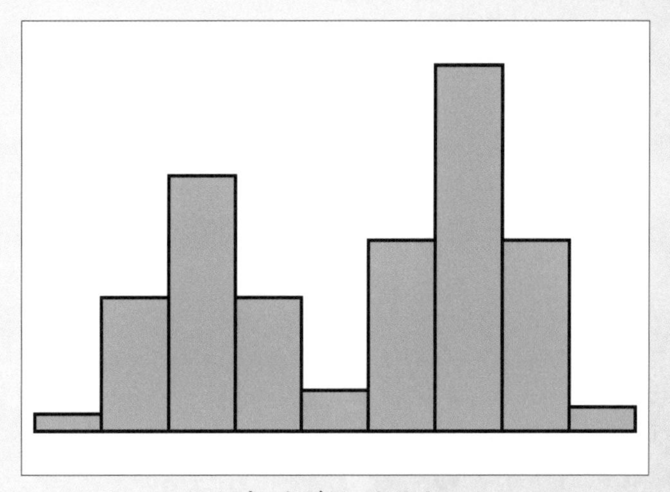

ピークが2つある山

この場合、おそらく元データには、製品寿命を決定的に左右する要因があります。それらの電球は、A工場とB工場で作られていたとか。そのような場合、次の段階では、A工場のデータとB工場のデータを分けて分析することが望ましいです。

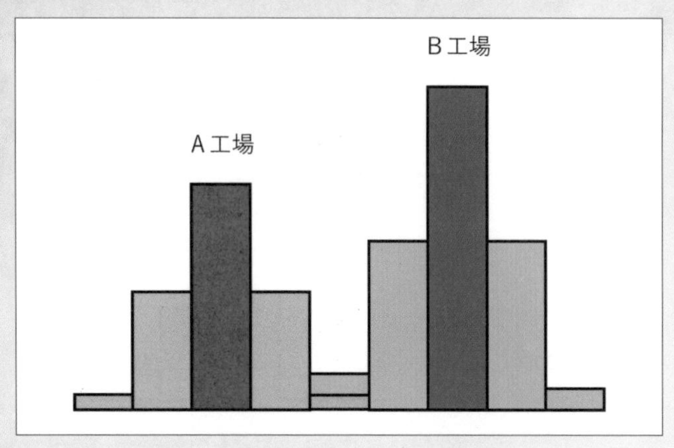

度数分布図のイメージ

中央値とは、データの順位が中央である値のことです。たとえば5個のデータを小さい順に並べ、1, 2, 4, 5, 9となったら、中央の順位は3位ですから、中央値は4です。平均値は（1+2+4+5+9）÷5＝4.2ですから、だいたい同じですね。

データ数が偶数の場合は、中央に近い2個のデータの平均値が中央値となります。たとえば6個のデータを小さい順に並べ1, 2, 4, 5, 8, 9 となったら、中央に近い順位は3位の4と4位の5ですから、中央値は4と5の平均、4.5です。

中央値のいいところは、極端に大きな/小さな値（外れ値と言います）があっても、中央値は影響を受けないことです。たとえば最初の例で示した、1, 2, 4, 5, 9というデータの最後のデータを1000倍し、1, 2, 4, 5, 9000にしてみましょう。平均値は9012 ÷ 5=1802.4と、さっきの平均値4.2よりもずっと大きくなってしまいますが、中央値は相変わらず4のままです。

たくさんのデータをただ1つの値にまとめるのは、そのデータ集団のイメージをてっとりばやくつかみたいからでしょう。めったにない外れ値のせいで、「中間的な・普通の」データのイメージが大きく変わってしまうなら、データをまとめた値（代表値）として中央値を選ぶことが適切なこともあります。たとえば多くの人に年収のアンケートをとると、一部の人はふざけて「100兆円」と回答するかもしれません。そのようなときは、中央値を使ったほうが現実をよく伝えられるでしょう。あるいは、上下の*n*%ずつのデータをカットした上で平均値を計算するとか、です。

最頻値とは、データとして最もよく現れやすい値のことです。たとえば10個のデータを小さい順に並べ 1, 2, 2, 2, 2, 4, 5, 5, 8, 9 となったら、2が4回と、いちばん現れやすいので、最頻値は2となります。選挙に例えれば、いちばん票を集めた人ですね。

すこしくらい元データの値が変わっても、最頻値が変わることはあまりありません。たとえば、さきほどの1, 2, 2, 2, 2, 4, 5, 5, 8, 9なら、この10個のどれか1つの値を**何に**変えても、最頻値は変わりません。選挙で1票くらい変化しても、ほとんどの場合、1位の人が変わらないのと同じです。

標準偏差とは、データの平均値からの散らばり度合を示す値です。乱暴に言えば、平均値から平均してどれくらい離れているかの値です。たとえば標準偏差が0なら、すべてが同じ値です。この値が大きいほど、データが平均値から散らばっていることを示します。

例として、同じ集団で国語と数学のテストを行い、平均点はどちらも60点、しかし標準偏差は、国語は5点、数学は20点だったとします。これはざっくりいうと、国語は多くの人（約68%）が60点±5点、数学は多くの人（約68%）が60点±20点であることを意味します。つまり国語の65点と数学の80点は、偏差値ではどちらも同じになります。

別の例を出します。A国の夏正午の平均気温も、Bさんの正午の平均体温も36.0℃だとします。ですがA国の平均気温の標準偏差は5℃、Bさんの平均体温の標準偏差は1℃とします。つまりA国の平均気温は、Bさんの平均体温の5倍も変動の幅があるのです。なので、A国のある夏の正午に41度であっても、みんなはそれほど驚かないでしょうが（そういうことも約32%の確率で起きるからです）、Bさんの体温が41度であったら、そんなことは体温が正規分布するという仮定の下でしたら350万分の1の確率でしか起きませんから、Bさんの周囲の人はたいへん驚くことになるでしょう。

コラム

標準偏差と標準誤差の違い

標準偏差と標準誤差は言葉が似ていますが、内容も実際の値も大きく異なりますので、ここで覚えてしまいましょう。

標準偏差とは、あるひとつの集団から得たデータが、平均値から平均してどの程度、ばらついているかを示す値です。

標準誤差とは、あるひとつの集団からデータを取り出す、ということを何度も（たとえばk回）行ったときに、そのk個の平均値の標準偏差のことです。

標準偏差は「もともとの母集団がどの程度、平均値からばらついているか」を表すだとしたら、標準誤差は、実験を何度も行ったときに「平均値はどの程度ばらつくのか？」を表します。一般的には、標準誤差は小さいほうが望ましいです。標準誤差が大きいと、今回の実験で得た平均値は、「真の」平均値とは大きく異なるかもしれないからです。

母集団からデータを1回だけ、N個、取り出すとしたら、標準誤差＝標準偏差 $/\sqrt{N}$となります。Nを非常に大きくすれば、分母がどんどん大きくなり、標準誤差は0に近づきます。つまり、データをたくさん取り出すほど「真の」平均値に近い値を推定できるようになります。これは直感的にも納得できますよね。また取り出すデータを2倍にしても、誤差は$1/\sqrt{2}$にしか減りません。標準誤差を半分にしたければ、サンプルのデータは4倍、集める必要があります。

例題

例題❶

ある大学生へのアンケートに回答した5人の年齢は、若い順に19, 19, 19, 21, 22だった。平均値、中央値、最頻値を求めよ。

例題❶の正解

平均値　(19+19+19+21+22) ÷ 5 =20

中央値　5人の真ん中の順位は3位なので19

最頻値　もっとも多く現れた数なので19

例題❷

ある高校生へのアンケートに回答した6人の年齢は、若い順に15, 15, 16, 17, 18, 18 だった。平均値、中央値、最頻値を求めよ。

例題❷の正解

平均値　(15+15+16+17+18+18) ÷ 6 = 99 ÷ 6 =16.5

中央値　6人の真ん中あたりの順位は3位 (=16) と4位 (=17) なので、その中間の16.5

最頻値　15と18 (どちらも2回ずつと、もっとも多く表れた数なので)

例題❸

ある100人に理科のテストを行い、その結果を10点刻みの分布表にまとめたところ、以下になった。

点数	人数
90点～100点	5人
80点～ 90点未満	15人
70点～80点未満	12人
60点～70点未満	18人
50点～60点未満	20人
40点～50点未満	10人
30点～40点未満	10人
20点～30点未満	5人
10点～20点未満	3人
0点～10点未満	2人

理科のテストの結果

この分布表を元に、以下のような図にしたものを何と呼ぶか。

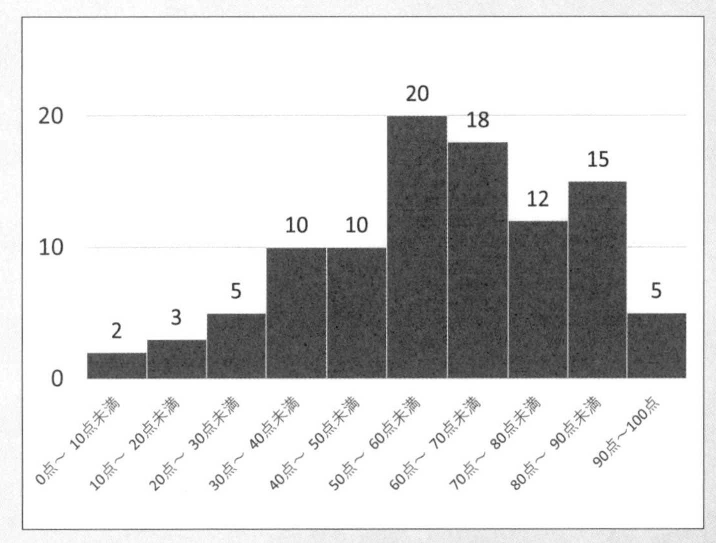

理科の成績分布

例題❸の正解

度数分布図、もしくはヒストグラム

記述統計学のまとめ

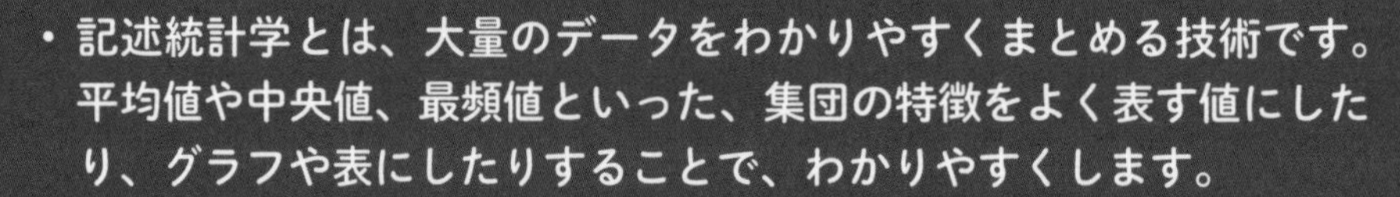

- 記述統計学とは、大量のデータをわかりやすくまとめる技術です。平均値や中央値、最頻値といった、集団の特徴をよく表す値にしたり、グラフや表にしたりすることで、わかりやすくします。
- 平均値とは、すべてのデータを合計した値を、データ数で割った値のことです。
- 中央値とは、データが奇数個の時は、小さい（または大きい）順に並べ替えたときの順位が中央である値のことです。データが偶数個の時は、中央に近い2つのデータの平均値です。
- 最頻値とは、データとして最もよく現れやすい値のことです。現れる回数が同数なら、いずれも最頻値とします。なので、最頻値が2つ以上になることもあります。
- 度数分布図（ヒストグラム）とは、縦軸に度数、横軸に階級をとったグラフです。
- 標準偏差とは、データの平均値からの散らばり度合を示す値です。

第2章 インフレ国

ふと気がつくと、美統は大広間の椅子に座っていました。
「だいぶ景色や様子が違う…ここはどこ？」

また足元から声が聞こえて視線をおとすと、妖精が美統を見上げていました。

「ここはデイス国ではないの？」
「はい。ここはデイス国から40年たった国、インフ国でございます。」
「美統さまには、デイス時代にグラフや平均値といった、素晴らしい知識を授けていただき、たいへん感謝しております。」
「40年前から、膨大なデータを活用して、国も大きく成長いたしました。」

「そうだったのね！どういたしまして。」
美統は自分が役にたてたことがうれしくなりました。

「それで、我々インフ国には、どのような知識を授けていただけるのでしょうか？」
「あなたたちは、いったい何に困っているの？」

「何に困っていると言われましても、わたくしたちには、わかりませんの。」
「え!?」

「代々伝わる『予言の書』には、
『400人の妖精に、金貨を1枚ずつ持たせて集まれば、
女神さまが偉大な知恵を授けてくれる』と書いてあるのです。」

「すでに400人の妖精に、
1枚ずつ金貨を持たせて、広間に待機させておりますわ。」

「なんて迷惑な書物なのかしら…。」

「あの…ところで、美統さま。
身長はおいくつですか？」
「150cmだけど…なんでそんなこと聞くの？」

「150cm!!…わたくしたちの7倍もありますね！素敵ですわ！」
「何が素敵なの？」
「身長の高さは、我々にとって、賢さのバロメーターなんです。
この子は伝説の美統さまにずっと憧れていたんですよ。」

どうやらインフ国の妖精たちは、
身長の高さはとても重要で身長＝賢さと信じているようです。

「あなたたちの身長は、お互いにあんまり差がないのね？」
美統が言うと、妖精たちは憤然としました。

「全然違います、美統さま！
わたくしは20.1cm、このこは19.8cmしかありませんわ…」

「わ、わたしだって、たくさん勉強しておいつきます〜！」

「今度はどうなることやら。」
美統は言い合う妖精たちを見つめながらため息をつきました。

第1話 インフ国（推測統計の国）・前編 解決編

美統は妖精たちの世界では、身長の差は非常に重要で、また身長は生まれてからずっと変化しない、と聞かされた。しかし美統の目からは、互いにそれほど差があるようには見えなかった。

あなたたちは身長にすごく興味があるようだから、統計について教えるなら、身長を題材にするのが良さそうね。インフ国全員の平均身長はどれくらいなの？

インフ国には妖精が100万もいますので、誰も計算したことがありません

ここにいる妖精全員の身長データをぜんぶ集めてくれない？ 400人もいればだいたいの平均値を推測するには十分だと思う

美統は大広間にいる妖精の身長データ400個を得た。平均は20.0cmだった。また標準偏差は1.0cmで、さらに身長の度数分布図は、おおむね正規分布をしていた。

400個のデータの平均が20、標準偏差が1…？　美統はハッとひらめいた。400枚のコインの意味が分かったわ！

美統は自信たっぷりに答えた。

で、どんなことを知りたいの？

この国でいちばん大きな妖精は何cmくらいでしょうか？

上位10%に入るにはどれくらい身長があればいいですか？

私の身長はこの国で何位くらいでしょうか？

美統はうなずいた。

あなたたちが手伝ってくれれば、この大広間から一歩も出ずに、400枚の金貨を使っていろんな質問に答えてみせるわ！

400枚の金貨を一斉に投げて表が出る枚数は、平均200枚、標準偏差は10枚。つまり偶然にも、コインの表が出た枚数=mmとすれば、妖精たちの身長を400枚のコイン投げでシミュレーションできるのだ。コインを100万回、投げれば100万人の民の身長をシミュレーションできる。幸いなことに単純作業の繰り返しは、400人の妖精で手分けして、それぞれ魔法を使えば簡単にできた。

シミュレーションの結果、たとえば最大身長は25.3cm、最小は15.1cm…などとわかり、主人公は妖精すべての質問に答えた。

妖精たちは拍手喝采だった。

さすがは女神さまでございます！

美統は照れた。

わたしなんて、まだまだよ

妖精は目を輝かせて尋ねた。

ちなみに女神さまの国では、平均身長はどれくらいなのでしょう？

私くらいの年齢だったら、平均が153cmくらいね。私は平均よりも3cm低いってことになるわ。

妖精たちは微妙な雰囲気になった。

それでも私たちにとっては偉大な女神でございます

どうか女神さま、お気を落とさず

美統はキレた。

いいかげん身長=賢さって偏見を捨てなさいよ！

しばらく休憩をした後で、妖精たちが質問した。

女神さまの趣味は何ですか？

部活のソフトボールと、ボードゲームね…あなたたちの世界にもボードゲームはあるの？

ペンシベボというゲームが盛んです

どんなゲームなの？

妖精は説明をした。

ボードゲーム「ペンシベボ」ゲームキット

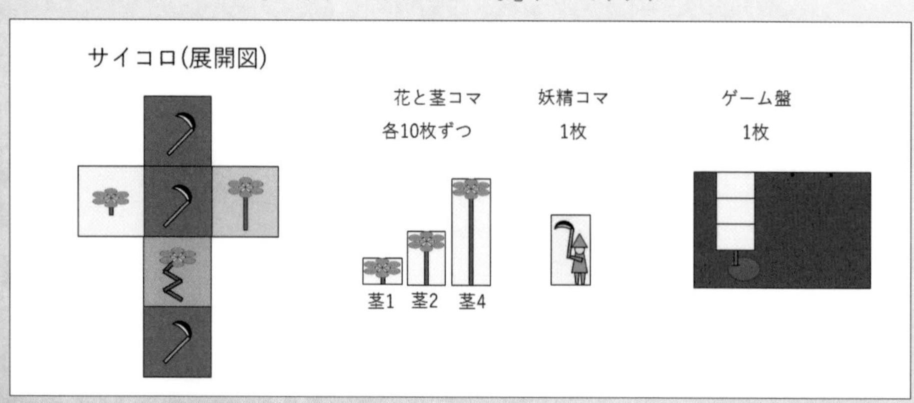

一方がサイコロを振る。サイコロの6面のうち3面には鎌を持った妖精が、1面には短い（長さ1の）茎と花が、1面には長い（長さ2の）茎と花が、1面にはさらに長い（長さ4の）茎と花が描いてある。初期状態では、地面の奥深く（4マス下）に種が埋めてある。また種から2歩、離れた地上には妖精がいる。「花と茎」の面が出たときは、「種」から茎が地上→空へと伸びていく。「鎌を持った妖精」の面が出るたびに、妖精は花に近づく。「鎌を持った妖精」が3回目に出たら、妖精は花にたどり着き、地面から茎を刈る。地上の花の分だけポイントとなる

「ペンシベボ」1ターンの流れ

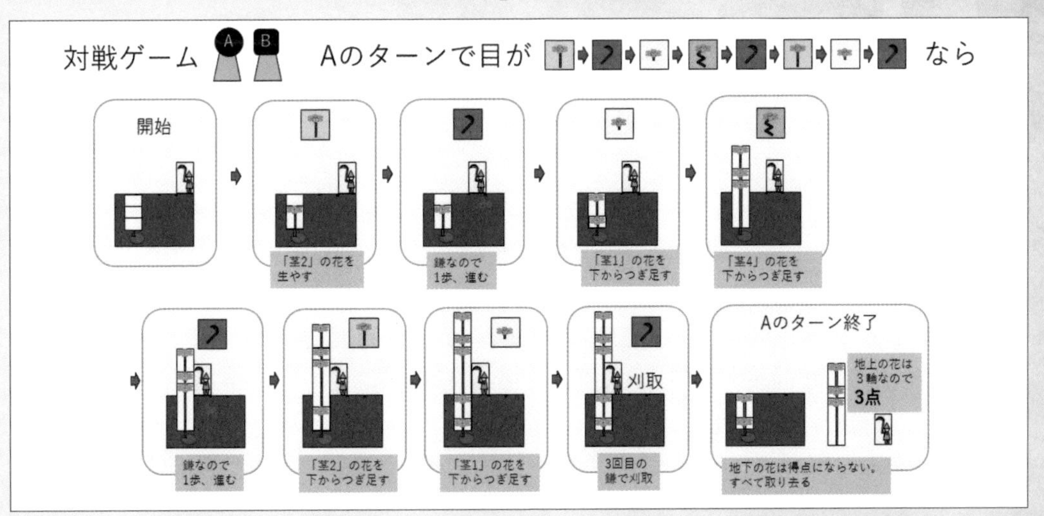

相手のターンに移る。各プレイヤーが9ターンをプレイし、集めた花が多い方が勝ち

美統はふうんと頷いた。

ところで女神さま、『賢者病』の対策を教えてほしいのですが…

『賢者病』って何？

空を飛べなくなってしまう病気です。賢者がかかることが多いという噂から、『賢者病』という名前がついています

私は医者じゃないから

『予言の書』には、『あきらめずにお願いすれば、女神さまが必ずや偉大なアドバイスを下さる』と書いてございます

美統は叫んだ。

もう！　『予言の書』じゃなくて、『無茶振りの書』ってタイトルにしなさいよ！

妖精たちは恐れ畏まった。
美統は深いため息をついた後、賢者病について調べることにした。

美統は妖精の世界では「身長＝賢さ」と信じられていることを思い出した。そこで過去のデータから、妖精の身長と賢者病比率のグラフを描かせた。

たしかに身長が高いと賢者病にかかる妖精の比率はすこし高いけど、あんまりはっきりとした関係じゃないわね

美統はがっかりした。

なんか甘いものでも食べたくなったわ

妖精たちは、大豆くらいの大きさの、白い実を持ってきた。白い実は、甘くてとてもおいしかった。美統はお腹がすいていたこともあり、300粒を一気に食べてしまった。妖精たちは目を丸くした。美統はバツが悪くなった。

私、あなたたちより背が7倍高いでしょ。食べる量は体重、つまり身体の体積に比例するから、7の3乗、343倍くらい食べても普通なのよ･･･

そこまで話して美統はひらめいた。

ちょっと思いついたんだけれど、妖精たちの体重のデータを見せてくれない？

恐れながら女神さま、体重とは何でしょうか？

身体の重さのことよ

誰も気にしたことさえありません

あなたたち、身長しか興味ないものね

体重は、どうすればわかりますか？

天秤とコインで測りなさい

それと賢者病と、何か関係が？

太って飛べなくなったに違いないわ！

ただちに全国でいっせいに体重が測定され、データが集まった。グラフを作ると、きれいな相関が出た、体重が重いほど賢者病にかかりやすかった。身長と弱い相関があったのは、単に身長が大きいと体重も重くなる傾向があるからに過ぎなかった。妖精たちは心底、感銘を受けた。

まさか体の重さが関係していたとは！

第2話

インフ国（推測統計の国）・後編 解決編

主人公は妖精、100万人、全員の体重のデータを分布図にさせた。ところが体重は、身長のような正規分布をしていなかった。あきらかに右に裾が長い。

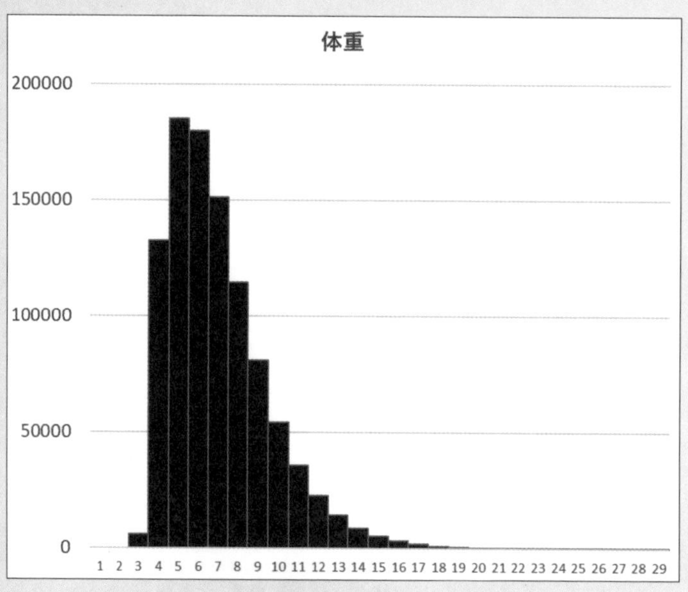

妖精の体重ヒストグラム

食生活は大丈夫？

はい、我々の食事はたいへん規則正しいです

いいことね

私たち妖精は生まれてからずっと、毎日、同じ実を同じ量だけ食べます

何を食べるの？

黒い実と白い実です…白い実は以前、女神さまもお召し上がりになっておられます

白い実、おいしかった！　黒い実もあるの？

はい

黒い実はおいしいの？

まあまあです

ちょっと食べさせてくれない？

どうぞ

美統は黒い実を食べた。塩気があり、それなりにおいしかった。

もっとお持ちいたしますか？

もう十分…黒い実、けっこうお腹にたまるし

美統は尋ねた。

白か黒の実を毎日、規則正しく、同じ量だけ食べるの？

はい

何玉ずつ？

１日に６個です

ふうん

私は８個です

美統は聞き返した。

え？　妖精によって食べる数が違うの？

はい

でもさっき、毎日、規則正しく同じ量だけ食べるって

全員、白い実と黒い実を毎日、規則正しく、同じ数だけ食べますが、その数は妖精によって異なります

美統は興味を持った。

毎日、何個の実を食べるのか、国民全員の分布図を見せてくれない？

妖精たち100万人のデータが届けられた。そのグラフは右に裾野が長く、さっきの体重の度数分布図と酷似していた。さらに、体重と１日に食べる実の数は、みごとに相関が高かった。

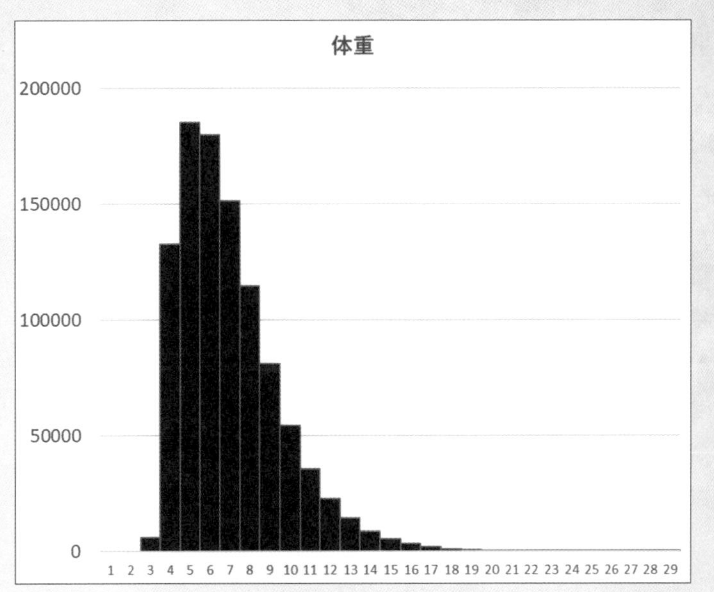

食べる実の数

これはもう、白でも黒でも、実を食べた数だけ体重が増えると思って間違いないわね

また実の数の度数分布図は、実の数が０個～２個の欄だけは０人だった。100万人ものグラフなのに、グラフの左端だけが、すっぱりと切り落とされたように０。美統は不思議に思った。

どうして０個～２個の人はいないの？

全員、必ず黒い実を３個ずつ食べるからです

例外なく？

はい。あまりに常識なので、我々の間では、白い実と黒い実を合わせて言います…３を引けば白い実の数になりますから

だから最低でも３個ってことね

そうです

３個の人は黒い実しか食べないってこと？

その通りでございます

実はいつ食べるの？

それぞれの人が、たとえば○●●○●など、決められた順に。最後は必ず黒い実を食べます

美統は、夕食後にはお菓子を食べないように心がけているので、ピンと来た。

黒い実は食事、白い実はお菓子なんだわ！

美統は金貨を1枚、取ると、表を黒、裏を白に塗った。

身長については400枚の金貨をいっぺんに投げたけど、体重の場合は1枚の白黒コインで十分よ

どういうことでございましょう？

美統「『コインを黒が3回でるまでは投げ続ける』ことで、一人の食事をシミュレーションできるの…たとえば　○●●○●　なら、その人は毎日、黒い実３個と白い実を２つ食べる、という感じね」

（まるでソフトボールでスリーアウトになるまでは打席に立てるみたいに、と美統はつぶやいた）

たぶん妖精は、白い実は本来、１つも食べなくても大丈夫なの。現にあなたたち、黒い実３個しか食べない人でも健康に問題はないんでしょ？

はい、むしろ健康です…それで、賢者病を減らすには、私たちはどうすればいいでしょう？

白い実を食べる数を減らせないの？　たとえば1日、5個以下に

努力してみます

たぶん黒い実は、3つ食べると、生きるのに必要な栄養を満たして、自然にそれ以上の食欲がなくなるの。だから順序を変えて、黒い実を早めに食べればいいんだと思う

「栄養バランスは完璧なんだけど、つい全体的に食べ過ぎちゃうから太っちゃうんだよなー、なんて人、めったにいないし」と、美統は思った。

ですが、白い実はおいしいので、できれば食べたいのですが…

超わかる！

美統は提案した。

じゃあ、スポーツしてみたらどう？

スポーツとは何でしょう？

美統はスポーツについて説明した。

必要もないのに競い合い、お互いに疲れ、しかも勝っても負けても実利はないと？

まあそうね

仕事の後や休日にも運動しなさいということですか？

そう

さらなる労働ということでしょうか？

違います。遊びです

あまり気乗りが…

やってみなさいよ！　きっと気に入るわ

どうにも信じられないのですが

ペンシベボ、あなたたち楽しんでるじゃない

あれはゲームですから

人間界じゃ、身体を使うのもゲームなの

私どもには、ルールが複雑そうで

大事なところは一瞬で教えられる自信があるわ！

美統は説明した。

人間界には『野球』ってゲームがあってね…たぶん、ペンシベボの元になっているゲームなの

美統は野球≒ペンシベボであることの説明をはじめた。「鎌」=「１アウト」で、３つ溜めてしまうとそのターンが終了。「ペンシベボ」では、花が一直線に空に伸びていき、４コマ上、つまり地面より上の花はポイントとなり、下の花は無駄になる。これは野球で言うと、４つ目の塁に到達した走者は得点になることと等しい。また「鎌」を３つためたときの、地下にある枯れてしまう花は「ランナー残塁」にあたる。１ゲームでＡ，Ｂが互いに９ターンずつ行うのは、１試合＝９回の表裏と等しい。ペンシベボに「３塁打」がないのは、おそらくペンシベボは鉛筆野球が元となっているから。鉛筆を転がして、３面はアウト、１面はヒット、１面は２塁打、１面はホームラン、という遊び…ペンシル・ベースボールが元になっているからだろう、と美統は説明した。

ところで女神さま、このゲーム、なんと呼べばいいですか？

ベボに決まっているでしょう？

実際に美統の教えたゲームをやってみたら、妖精たちは面白さに大興奮。すぐに全国民に広まった。妖精たちの運動量がずっと増え、多くの妖精の「賢者病」が治った。

これも女神さまの知恵のおかげでございます！　本当にありがとうございます！

妖精たちに感謝され、美統がいい気分になっているところに、タイムが現れた。

美統、お疲れ様。それでは次の国に行くよ！

今いいところなんだから、もうちょっとインフ国にいたいなー

女神さまは各時代からひっぱりだこなんですよ。愛されてますね！

タイムは本を開くと、無情にも3回、タクトを振りました。美統はふたたび、光に包まれてしまいました。

母集団と標本

最初の国、デイス国では、大量のデータのままではわかりにくいので、それを少数の値や表、グラフにまとめる記述統計学のテクニックを学びました。具体的には、たくさんの妖精たちの身長データを、平均値や中央値、最頻値、標準偏差といった値にしたり、度数分布図にしたりしました。

デイス国にはたくさんのデータがありましたが、インフ国の時代になると、デイス国の寿命データは、すでに全員分が手に入っている状態です。しかもインフ国にとって、デイス国は過去の国なので、データは増減しません。ですので平均値を計算すれば、それがデイス国の真の平均寿命です。

しかし今回のインフ国では、100万人の妖精がいますが、広間にはたったの400人しかいません。「まだ集めていないデータがあるが、すべてを集めることができず、その一部の標本（サンプル）から真の値を推測するしかない」状況です。推測統計学は、そのようなときに使うテクニックです。物語にあったように、100万人の平均身長をざっくり推測するには、400人でもなんとかなったのです。これはよく、「大鍋のスープであっても、よくかき混ぜてから一口、飲めば、全体の味がわかる」と例えられます。

推測統計学では、データ全体（母集団）と、そこから取り出した標本をはっきり区別します。標本から母集団の「真の」平均値や標準偏差を推定するのです。

推定の仕方ですが、平均値と標準偏差は、ちょっと異なります。

平均値は、少数のサンプルから平均値を計算し、それをそのまま母集団の平均と推定します。たしかに乱暴なのですが、根拠もないのに「母集団の平均値は、サンプルから計算した平均値よりも、きっと 多い／少ない だろう」と決めつけるのはもっと乱暴です。真の値とは異なるとしても、推定値としては最善なのです。

標準偏差の場合、少数のサンプル（n個とします）から標準偏差を計算したら、それをちょっとだけ大きくします。具体的には$\sqrt{\frac{n}{n-1}}$を掛けます。たとえば物語のように400人のデータでしたら、$\sqrt{\frac{400}{400-1}}$=1.0013を掛けます。400個の標本から計算した標準偏差を計算すると、母集団の「真の」標準偏差の値より、0.13%くらい過少推定してしまうので、その分を補正するのです。nが非常に大きくなれば、ほとんど無視できます。

第4話

度数分布、正規分布

デイス国の章でも解説した通り、度数分布表とは、データを一定の幅に区切り、各範囲にそれぞれデータがいくつあるかを示した表です。

ここで正規分布について説明します。正規分布とは、平均値を中心に、以下のような左右対称な釣り鐘型の分布です。

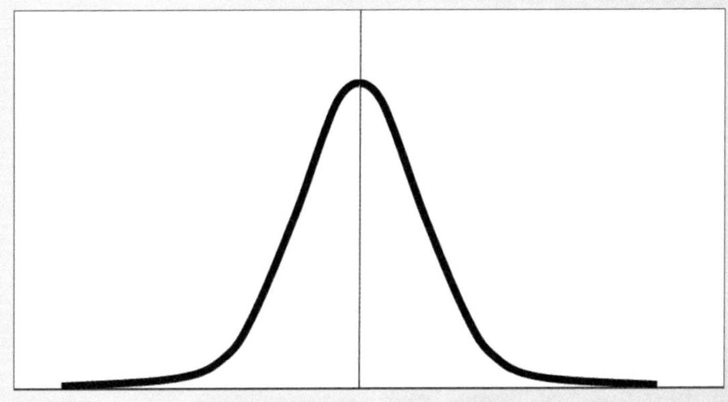

左右対称な釣り鐘型分布

何か1つの決定的な要因ではなく、互いに関係のない多数の要因によって、ある値が大きくなったり小さくなったりする場合、それらの値をたくさん集めて度数分布図を作ると、正規分布に近づくことが知られています。たとえばコインを400枚投げたとき、1枚目のコインが表裏のどちらであろうと、2枚目のコインの表裏には関係ありません。ですので、400枚のコインを投げて表が出た数を数える、ということを何度も行って度数分布図にすると、正規分布のような形に近づくのです。実際にコンピュータで、400枚のコイン投げを100万回、行った時の度数分布表と図をお見せします。

階級	度数
150以上160未満	34
160以上170未満	1560
170以上180未満	24129
180以上190未満	144805
190以上200未満	349970
200以上210未満	332489
210以上220未満	126906
220以上230未満	19014
230以上240未満	1074
240以上250未満	19

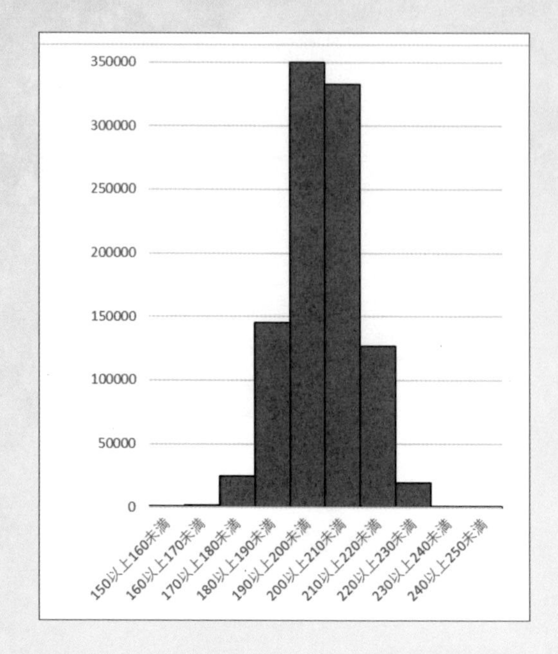

データが平均値を中心に大きな1つの山となっている、つまり正規分布をしているとみなせるときは、平均値と標準偏差という2つのデータさえあれば、いろいろなことをかなり良く推定できます。

第5話

推定と検定

◆ 推定とは

推定とは、母集団から取り出したサンプルから、「母集団の本当の値はこれくらいだろう」と推測して決めることです。たとえば美統は、インフ国100万人の平均身長を、400人のサンプルから200mmくらいだろうと推定しています。

◆ 検定とは

「母集団の、ある値（たとえば平均値）はこの値に違いない」という仮説を立て、それがサンプルのデータと矛盾しないか検証することです。事前に仮説を立てるところが推定との違いです。たとえばサイコロを振って1の目が出る確率は、普通に考えれば1/6です。ところがそのサイコロを5回振って、5回とも1の目が出ると、そろそろ「このサイコロは1の目が出る確率が1/6よりも大きいのでは？」と疑いたくなるでしょう。正しく作られたサイコロを5回投げて、すべて1が出る確率は、7776回に1回しか起きないからです。そんな偶然が今回、たまたま起きたと考えるよりは、「このサイコロの1の目が出る確率は1/6」という仮説を疑うほうが合理的です。

ここで重要なのは、「もともとの仮説をそのまま検証する」のではなく、「もともとの仮説を否定する形にして、その仮説の否定形が正しいと仮定したときに、今回のような現象が起きる可能性は非常に低い」ことを示し「だから自分のもともとの疑問は正しい」と主張することです。これは元旦13:15のLホテル1015室で殺人事件が起きた場合、「私は犯人ではない」と証明するときに、アリバイ（元旦の12:15に私はLホテル付近にいなかった）を示すのに似ています。「『私が犯人だ』という仮説が正しいなら、私は元旦の13:15に私はLホテルにいたはずだ。だが私はその時刻、島根県のレストランで知人と会っていた。だから『私が犯人だ』という仮説が間違っている」と証明することで、仮説が誤りだと示すのです。

ここでは「推定」の練習をしてみます。推定には「真の値はきっとこれだ！」と1点に決め打ちする「点推定」と、「真の値はここからここの間にある可能性が高い」という「区間推定」があります。

たとえばサイコロを10回振ったら、出た目が 1, 1, 1, 2, 2, 3, 3, 3, 4, 5 だったとします。合計25、平均値は2.5です。さて、このサイコロの出る目の平均はいくつと推定するべきでしょうか？

◆ 点推定の場合

点推定なら、答えは2.5です。もちろん、真の平均値はそれより大きいことも小さいこともあるでしょう。ですが「サイコロを10回振る」という行為をただ1回しか行っておらず、その結果、平均値が2.5だったら、そして推定値を1つに決めざるを得ないなら、真の平均値は2.5と推定するしかありません。それよりも大きい／小さい 根拠がありませんから。

ただし、後に解説するベイズ統計学では「今回の平均値は2.5だったが、ちゃんと作られているサイコロなら平均値は3.5 (= (1+2+3+4+5+6) / 6) になるはずだし、このサイコロは見たところ、まともなサイコロだ。だから、今回はたまたま小さい目に偏ったに違いない」という信念も反映させることができます。

◆ 区間推定の場合

点推定では、サイコロの出目の平均値は2.5と推定しましたが、この値には、おおむねどれくらい誤差があるか知りたいところです（コラム参照：標準誤差といいます）。

「1回の抽出でむりやり平均値を点推定する」ことを何度も繰り返すと、その分布は、真の平均値を中心として、ほぼ正規分布になります。標準誤差とは、この標本平均の分布の標準偏差です。後に示すように、今回のケースで標準誤差を計算すると0.428174になるのですが、その意味は「このサイコロを10回振ったら、今回の平均値は2.5だったので、真の平均値も2.5と推定したが、たった10回、振った結果だけで推定しているので、真の平均値との誤差は、おおむね0.428174くらいある」ということです。

標準誤差の具体的な計算は、標準偏差 s を、サンプル数nの平方根、つまりnで割ります。つまり

標準誤差 = $\frac{s}{\sqrt{n}}$

です。この式中に出てくる標準偏差sは、次の step 1 ～ step 5 の手順で求めます。

step 1 全データから平均値を引く

1,　1,　1,　2,　2,　3,　3,　3,　4,　5

から平均2.5を引くので

-1.5, -1.5, -1.5, -0.5, -0.5, 0.5, 0.5, 0.5, 1.5, 2.5

step 2 step 1 の値を2乗して足し合わせる

$(-1.5)^2, (-1.5)^2, (-1.5)^2, (-0.5)^2, (-0.5)^2, (0.5)^2, (0.5)^2, (0.5)^2, (1.5)^2, (2.5)^2$

つまり

2.25,　2.25,　2.25,　0.25,　0.25,　0.25,　0.25,　2.25,　6.25の合計、16.5

step 3 step 2 を n-1 で割る

$\frac{16.5}{10-1} = 18.33333$

step 4 step 3 の平方根（ルート）を計算する

$\sqrt{18.33333} = 1.354006$

これで標準偏差 s=1.354006 とわかりました。

step 5 標準誤差を計算するため、標準偏差を n で割る

標準誤差は、これを$\sqrt{n} = \sqrt{10}$=3.162278で割ったものなので、0.428174となります。

今までの話をまとめると、

❶サイコロを10回振った平均値は2.5だった
❷ゆえに真の平均値も2.5と推定した
❸step1～step5で標準誤差を計算したら0.428174となった
❹だから真の平均値は、2.5 ± 0.428174の区間にある確率が高い

となります。

ここで気になるのが「確率が高い」とは、実際には何パーセントくらいなの？　ということでしょう。この確率を信頼係数といいます。真の平均値は、サンプルで計算した平均値に、標準誤差分の上下幅を持たせれば、68.27%の確率で収まることが知られています。この確率を信頼係数といいます。たとえばこの場合、信頼係数は0.6827です。

今回のケースでは、真の平均値を、標準誤差分の上下幅を持って推定すると2.5±0.428174、つまり2.071826～2.928174となり、「本当の平均値が2.071826～2.928174の間にある確率は68.27%だ」となります。

68.27%！　キリが悪いですね。できれば「99%だ」とか「95%だ」といった数字であってほしいものです。ありがたいことに、標準誤差を何倍かすれば、信頼係数のほうは好きな数字、たとえば0.95とか0.99に調整できます。

たとえば信頼区間を90%，95%，99%にしたいなら、標準誤差にそれぞれ1.64，1.96，2.58を掛けてください。

- **信頼係数90%　2.5±0.428174×1.64　90%信頼区間　1.79779464～3.20220536**
- **信頼係数95%　2.5±0.428174×1.96　95%信頼区間　1.66077896～3.33922104**
- **信頼係数99%　2.5±0.428174×2.58　90%信頼区間　1.39531108～3.60468892**

2.5という推定値に、どれくらいの上下幅を持たせれば真の平均値が収まるでしょうか。「確実に収まる」という信頼感を求めるほど、幅は広がってしまいます。たとえば99%の信頼を求めるなら、「真の平均値は1.39531108～3.60468892の間じゃない？」という、広い幅を取らざるを得なくなります。これは正しく作られたサイコロの平均値、3.5さえも含んでしまいます。つまり「このサイコロはゆがんでいる！」と決めつけるのは、確率95%の正しさ（5%の確率で間違う）でいいのでしたらOKですが、確率99%の正しさを求めるならNGです。

もしこの10個のデータを10回繰り返して、データ数を10倍にしたら、つまり
（1，　1，　1，　2，　2，　3，　3，　3，　4，　5）×10回
という、100個のデータで再計算したら、どうなるでしょう？

標準偏差を計算するとs=1.290994、標準誤差は、これを$\sqrt{n}=\sqrt{100}=10$で割ったものなので0.1290994となります。さきほどの標準誤差は0.428174なので、標準誤差を1/3以下に減らせたことになります。さきほどと同様、信頼区間を計算してみましょう。

- **信頼係数90%　2.5±0.1290994×1.64　90%信頼区間　2.288276984～2.711723016**
- **信頼係数95%　2.5±0.1290994×1.96　95%信頼区間　2.246965176～2.753034824**
- **信頼係数99%　2.5±0.1290994×2.58　99%信頼区間　2.166923548～2.833076452**

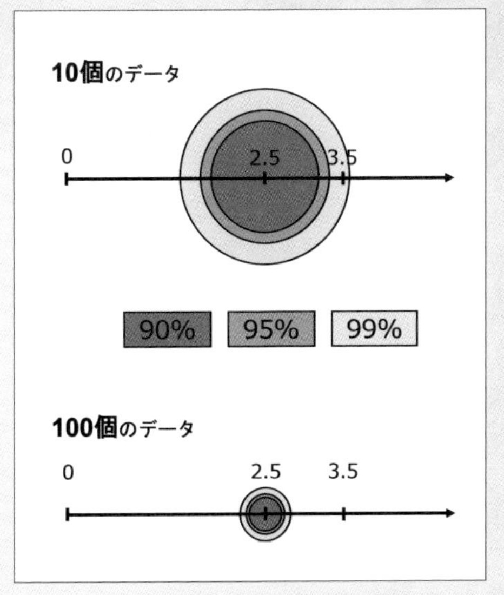

サイコロ出目の平均値の区間推定

今回はサイコロを10回ではなく、100回も振ったうえでの推定ですから、さっきよりもずっと自信を持って、「真の平均値は2.5の近くに違いない」と言い切れるわけです。今回は「このサイコロはゆがんでいる」と決めつけても、まず安心と言えそうです。

Excelをお持ちでしたら、最初の設定だけちょっと面倒ですが、その後は標準偏差や標準誤差、平均、中央値 、最頻値などを簡単に表示する追加プログラム（アドインといいます）が、もともとExcelに入っています。その使い方を、3分間がんばって覚えてしまいましょう。

❶ A1～A10のセルに、1, 1, 1, 2, 2, 3, 3, 4, 5 という10個のデータを入れる

	A
1	1
2	1
3	1
4	2
5	2
6	3
7	3
8	3
9	4
10	5
11	
12	

10個のデータ

❷ メニューの「ファイル」をクリックし、「オプション」をクリックする

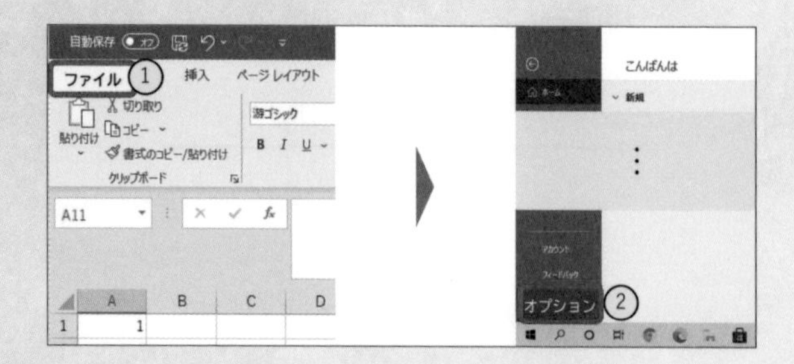

❸ 左側メニューの「アドイン」をクリックした後、画面下で「Excelアドイン」を選択して「設定」をクリックする

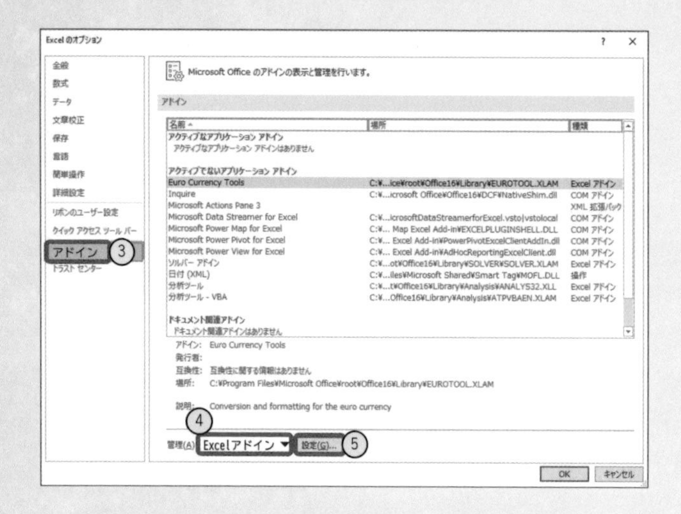

❹ 出てきた「アドイン」画面の「分析ツール」(分析ツール-VBA」と間違えずに)にチェックを入れて「OK」をクリック

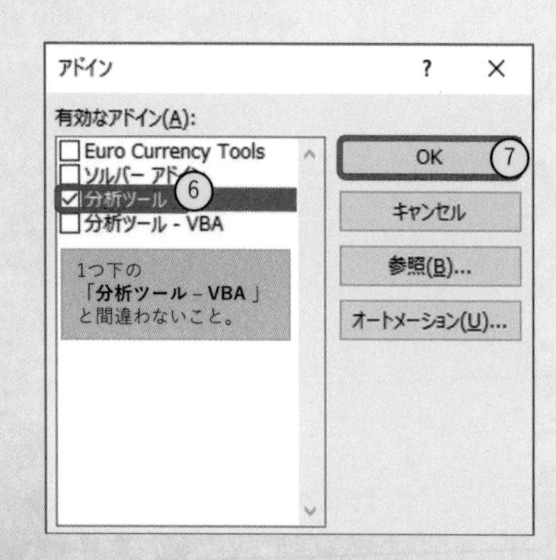

いっけん何も起きないが、Excelのメニューの「データ」をクリックする。画面の右側に、さきほどまでは表示されていなかった「データ分析」ツールが出るようになっているのでクリックする

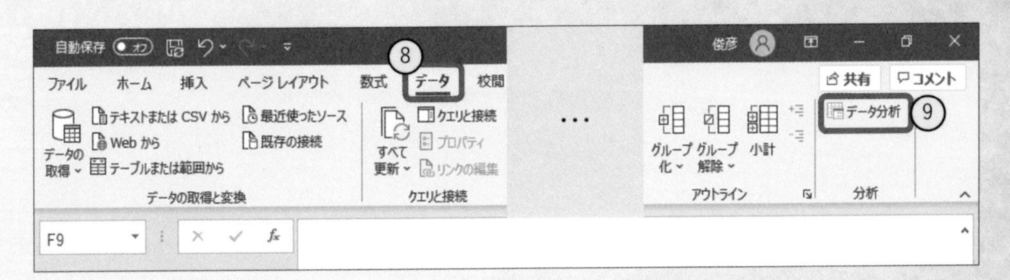

❺「基本統計量」をクリックし、「OK」をクリックする

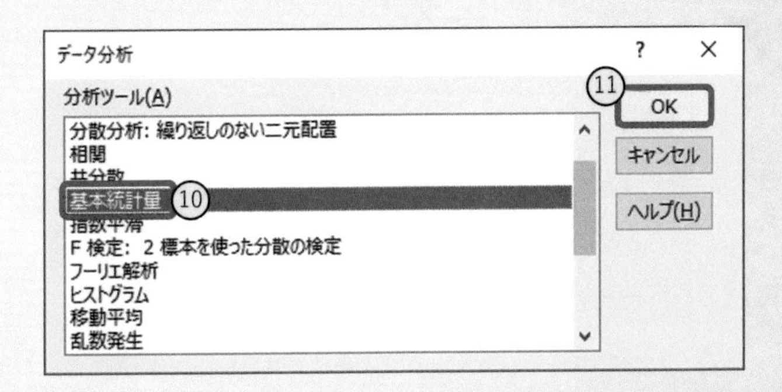

❻「統計情報」にチェックを入れた後、「入力範囲」右側の上矢印のボタンをクリックする

基本統計量
入力元
入力範囲(I)
13
データ方向:
列(C)
行(R)
先頭行をラベルとして使用(L)
出力オプション
出力先(O):
新規ワークシート(P):
新規ブック(W)
統計情報(S)
12
平均の信頼度の出力(N) 95 %
K 番目に大きな値(A): 1
K 番目に小さな値(M): 1
OK
キャンセル
ヘルプ(H)

❼データの入っているセルA1～A10を選択して下向きの矢印をクリックする

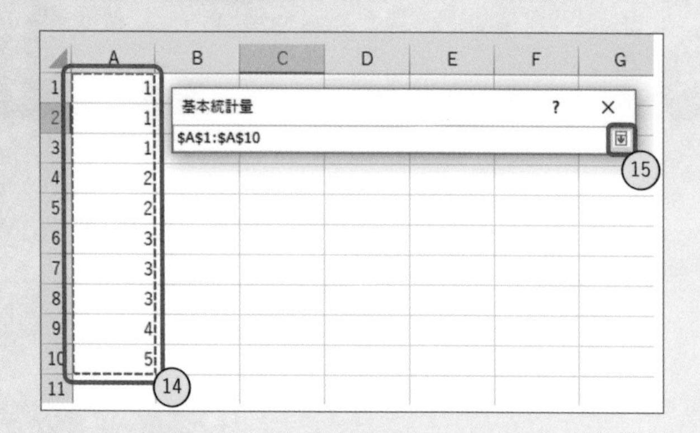

❽「統計情報」にチェックが入っていることを再確認して「OK」をクリックする

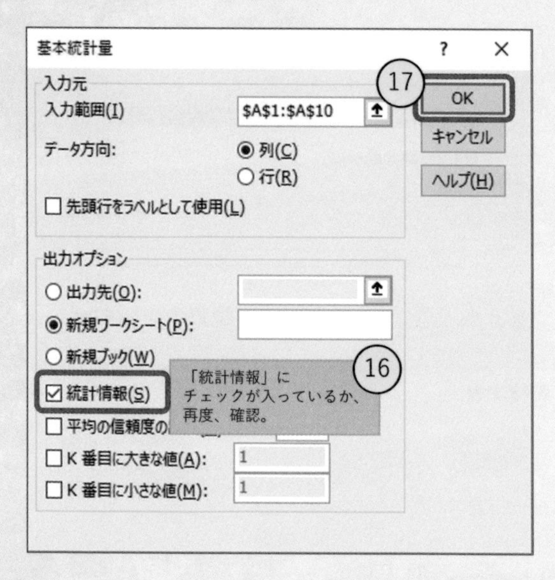

❾新しいシートに統計情報が表示されるが、A列が狭すぎるので、A列とB列の間をダブルクリックすることでA列を広げる

18

	A	B
1		
2		
3	平	
4	標準誤差	0.428174
5	中央値 （	2.5
6	最頻値 （	1

A列の幅を広げるために
A列とB列の境目を
ダブルクリック

⑩統計情報が完全に表示される

	A	B
1	列1	
2		
3	平均	2.5
4	標準誤差	0.428174
5	中央値 （メジアン）	2.5
6	最頻値 （モード）	1
7	標準偏差	1.354006
8	分散	1.833333
9	尖度	-0.46753
10	歪度	0.503556
11	範囲	4
12	最小	1
13	最大	5
14	合計	25
15	データの個数	10

例題

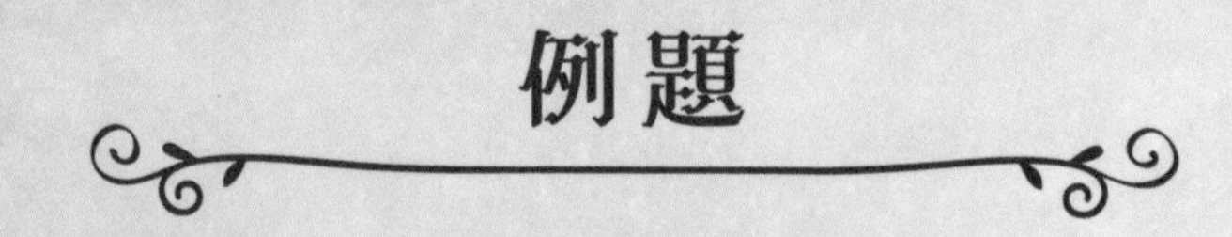

あるコインを100回、投げたら、表が60回、裏が40回出た。「このコインは歪んでいない（表と裏が出る確率が0.5ずつである）」という言葉は信用できるか。なお、有意水準は0.05とする。つまりコインは歪んでおらず、たまたま偶然でこのような偏りが起きることもありうるが、その確率（危険率という）が5%以下なら、このコインは歪んでいると断定していいものとする。

本書の解き方での解答……………………………………………………………………

表を1、裏を0とすると。60個の1と40個の0がある100個のデータがあることになります。この平均値は $\frac{1 \times 60+0 \times 40}{100} = \frac{60}{100}$ =0.6 ですね。それでは、さきほどの[1]～[4]の手順で、95%の信頼区間を求めましょう。

step 1 全データから平均値を引く

1, 1, … 1, 0, 0, … 0

から平均0.6を引くので

0.4, 0.4, 0.4, -0.6, -0.6, … -0.6

step 2 step 1 の値を2乗して足し合わせる

$(0.4)^2 \times 40+(-0.6)^2 \times 60 = 24$

step 3 step 2 を n-1で割る

$\frac{24}{100-1}$ =0.242424

step 4 step 3 の平方根（ルート）を計算する

$\sqrt{0.242424}$=0.492366

step 5 標準誤差を計算するため、標準偏差を $\sqrt{n}$ で割る

標準誤差は、これを $\sqrt{n}=\sqrt{100}$=10で割ったものなので、0.0492366となります。

信頼区間を計算してみましょう。本当は95%の信頼区間だけを求めればいいのですが、ついでに90%、99%の信頼区間も求めてみます。

- 信頼係数90%　0.6 ± 0.0492366 × 1.64　90%信頼区間　0.519252～0.680748
- 信頼係数95%　0.6 ± 0.0492366 × 1.96　95%信頼区間　0.503496～0.696504

・信頼係数99%　0.6 ± 0.0492366 × 2.58　　99%信頼区間　0.472970～0.727030

すると、コインが正しく作られているならば平均値は0.5ですが、信頼係数95%の区間、0.503496～0.696504には0.5は含まれていません。つまりこのコインは、確率95%の確かさでいいのでしたら、歪んでいるといってよいのです。なお、信頼係数99%の区間、0.472970～0.727030には0.5は含まれます。つまり「このコインは歪んでいる」と断言するのは、確率99%の確かさを求めるのでしたらNGです。

正式な解答……………………………………………………………………………………

サンプルサイズn=100、標本平均は0.60、標準偏差は0.492365963917331です。この分布は自由度100-1=99のt分布に従います。今回はコインが「歪んでいるか否か」を問題にしているため、帰無仮説を「コインは歪んでいない」とする。この仮説を否定するためには、表が出やすくても、裏が出やすくてもよいので、両側t検定をする必要があります。その統計量tを次の式から計算します。

$$t = \frac{x- \mu}{\sqrt{\frac{s2}{n}}} = \frac{0.6\text{-}0.5}{\sqrt{\frac{0.492366^2}{100}}} = \frac{0.1}{\sqrt{0.002424}} \fallingdotseq 2.031009$$

自由度99の、危険率α =0.05の両側検定の信頼区間はt（99, 0.025）=1.9842です。つまり、統計量tが0 ± 1.9842に収まる確率が95%なのに、実際のt値2.031009はそれより大きいので、コインは歪んでいると考えるべきです。

※ちなみに危険率α =0.01の両側検定の信頼区間はt（99, 0.005）=2.6264です。つまり、このようなことが偶然で起きる確率は1%以上はあるので、1%の判断ミスもしたくないと考えるならば、このコインは歪んでいると断定することはできません。

Excelを使えるのでしたら、好きなセルに
=T.DIST（2.031009, 99, 2）
と入力すると、0.977533と表示されます。

ExcelのT.DIST関数はT.DIST（統計量t, 自由度n,1か2…片側検定なら1、両側検定なら2）という3つの値を入れると、自由度nのとき、統計量tが0 ± 1.9842に収まる確率を示します。つまり統計量が偶然にt=2.031009となる可能性も1-0.97553=0.022467、だいたい2.25%くらいはあるとわかります。

推測統計学のまとめ

- 推測統計学とは、すべてのデータを集められない場合でも、一部のデータを標本として取り出し、そこから真の値を推測するためのテクニックです。
- 推測統計学では、データ全体（母集団）と、そこから取り出した標本を区別して考えます。
- 母集団がおおむね正規分布に従うなら、標本として得た一部のデータから平均や標準偏差が計算でき、そこからさまざまなことがわかります。
- たとえば「本当の」平均値がいくつかを、ある範囲で推定したり、「平均の値は○○だ」という言明が正しい確率を計算できたりします。
- 推測統計学を使うと、適切なデータをある程度、集めれば「このサイコロはゆがんでいるのか？」とか、「この教え方は前の教え方よりも成績を上げられるのか？」といった疑問にも答えられます。

第3章
ベイズ国

「ほら、私の予想通り、10:00には目覚めたでしょう」
「女神さま、もう少し眠られていると思ったんだけどなー」
「わっ！！今度はどこなの！？」

「美統さま、ベイズ国にようこそ」

「ここは…ベイズ国っていうのね」
なんだかみんな、とっても…自由な服を着てるのね？」

「はい！もちろん！ベイズ国のモットーは…」
「『信念を持て。だが変化をためらうな』ですので！」

「あの…私、インフ国で教えたこと以上の統計は知らないんだけど」

「はい、存じております」
「ベイズ国は、デイス国、インフ国とは別の
ベイズ統計という技術が発達いたしました」
「そこで、美統さまにはベイズ統計を学んでいただいた後で
お願いをするつもりです」

「ベイズ統計って何？」
「ベイズ統計とは、主観的な確率を扱う技術です」

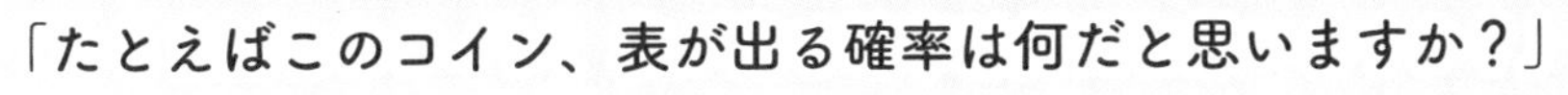

「たとえばこのコイン、表が出る確率は何だと思いますか？」
「どっちが表なの？」
「鳥が刻印されている方が表、果物が裏です。」
「ああそう、0.5でしょ？」
「はい。その通りでございます」

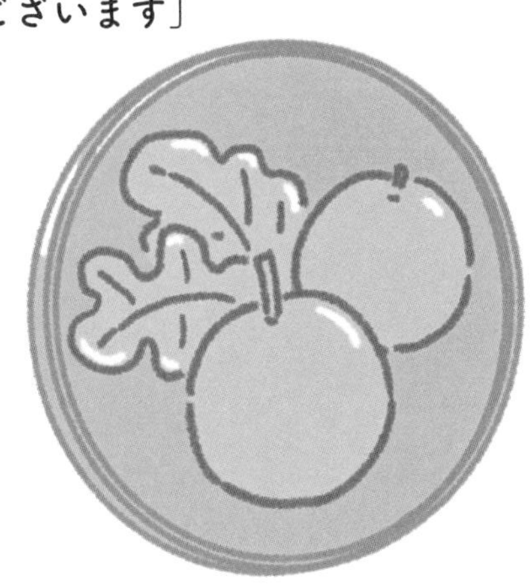

「でもこのように、大きく曲げてしまえば？」
妖精は魔法を唱えて、
コインをムニュッと曲げてしまいました。

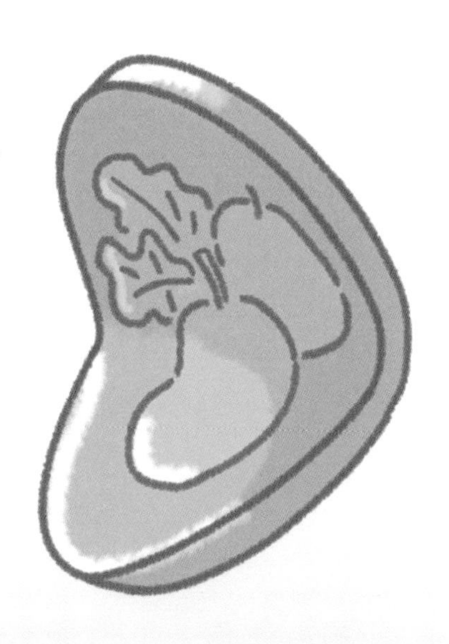

「うーん…確率はわからない。
表を外側に曲げているから、0.5よりは大きいとは思うけど。
0.7…くらいかなぁ？」

妖精は顔を見合わせてにやっと笑いました。

「正解は私たちにもわかりません。いま、適当に曲げてしまいましたので」
「なによ、それ！」
「ですが女神さまは0.7くらいだと思うのですね？」

「それでは、表が出る確率が実は
0.5 0.6 0.7 0.8 0.9 1.0の6通りのどれかだとしたら、
それぞれどれくらいだと思いますか？」

コインが曲がってしまったときの
確率はどうなるのかな??

第1話

ベイズ国（ベイズ統計の国）・前編 解決編

美統は適当に確率を割り振った。

0.5	0.6	0.7	0.8	0.9	1.0
1%	19%	40%	25%	14%	1%

妖精は頷いた。

それでは、これが現在、女神さまがそれぞれの仮説を信じている主観的な確率としましょう

まだコインを投げてないじゃない。投げてから推測したほうが良くない？

投げた結果、すこしずつ主観を変えればいいのです。今までの統計は表が出る確率という『真実の値』があり、どれが真実の値か、多数のデータから推測していく、という発想でした。ですがそれでは、たとえば一度も投げていない場合、何も言えません

そうね

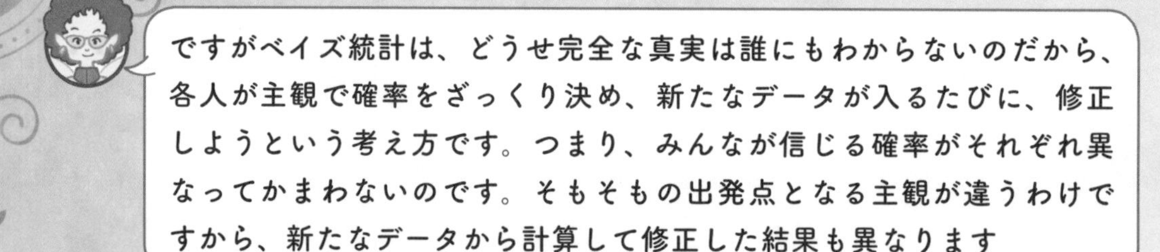

ですがベイズ統計は、どうせ完全な真実は誰にもわからないのだから、各人が主観で確率をざっくり決め、新たなデータが入るたびに、修正しようという考え方です。つまり、みんなが信じる確率がそれぞれ異なってかまわないのです。そもそもの出発点となる主観が違うわけですから、新たなデータから計算して修正した結果も異なります

ベイズ統計を使うと、何がいいの？

たとえば今の話でしたら、コインを投げる前から、表が出やすいのは明らかです。せっかくの貴重な情報を捨て、『投げるまでは何もわからない』というのは、もったいないのではないでしょうか

美統はなるほどと思った。

ところで女神様は、さきほどはどちらが表かわからない状態でした。そのとき曲げたコインを見たら、表が出る確率はどれくらいだと思いましたか？

どちらが表かわからないなら…50%と思うしかなくない？

はい、そう思うのでしたらベイズ国に向いていますね

どう答える人はベイズ国に向いてないの？

『どちらが表かわからないから、表が出る確率は今のところ不明だが、コインは明らかに歪んでいるから、50%ということだけはあり得ない』と答える人ですね

何がいけないの？

この考え方は、自分の主観に関係なく、真実というものが厳然とあって、人はそれを推測することしかできない、という発想です。確率は0.5であるという考え方と、確率は0.5以外のどれかであるが現在は不明だ、という考え方が、両立することはありません

妖精はコインを美統に渡した。

それでは実際に、コインを投げてみてください

美統はコインを3回、投げた。

3回とも表でしたね。こうなると、さっき割り振った確率を、すこし変えたくなりませんか？

たしかに、最初に私が思ったよりも表が出やすいのかも

女神さまの心の変化を、ベイズ統計で計算できます。計算するとこうなります

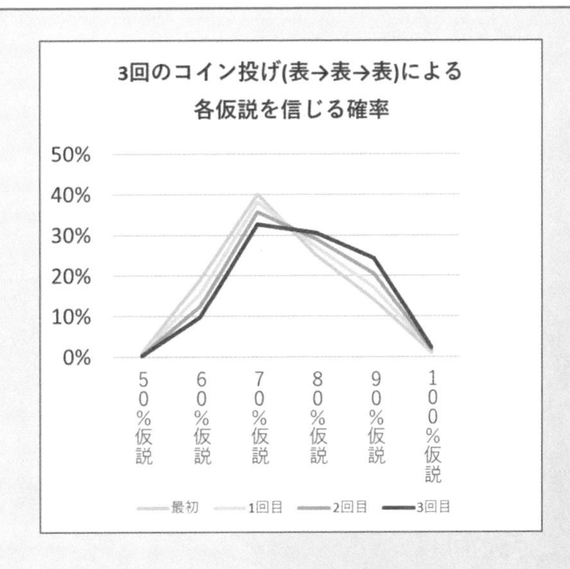

最初のうちは1回も表が出ていなかったので、最初の仮説、灰色の線のとおりですが、1回目、2回目、3回目と表が出るたび、すこしずつ右側にシフトしていることがわかります

美統は感心した。

でももし、3回目で裏が出ていたら？

そのときは、こんな風になっていたでしょう

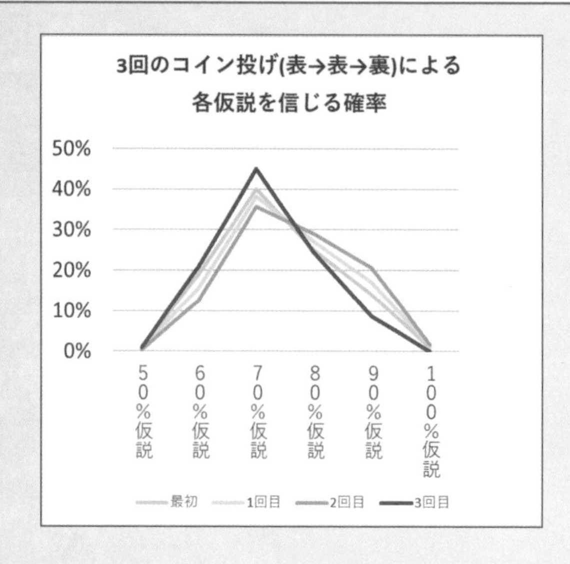

2回目まではさっきと同じなのに、3回目で一気に左に戻った感じね

3回目の赤線で、100%仮説がぴったり0になった理由はわかりますか？

それはそうよ。『100%表しか出ない』っていう仮説は、1回でも裏が出たら、捨てるしかないもの

妖精は頷いた。

ベイズ統計は『見えている現実から見えない原因を推測する』というのが本質です。たとえば今回は、3回、表が出たというコイン投げから、どの確率のコインから発生したものか？　を推測しているわけです

見えている現実

ボックスから
コインを1枚選ぶ

選んだコインを
3回投げる

見えない原因

美統はどのコインを
投げているか知らない

50%
表がでる

60%
表がでる

70%
表がでる

80%
表がでる

90%
表がでる

100%
表がでる

第2話 ベイズ国（ベイズ統計の国）・後編 解決編

美統は尋ねた。

ベイズ統計って、他にどんなことに使えるの？

たとえばある妖精が街頭アンケートに答えたら、宝くじを1枚、もらえることになりました。そしてアンケートをとっている人が、次のように言うわけです。

お礼にX社かY社、どちらかの宝くじを1枚、差し上げます。どちらも当選確率は100万分の1ですが、当たればコイン100万枚です

期待値としてはコイン1枚分ってことね、と美統は思った。妖精は続けた。

当たった人にだけ、3年後…たぶんあなたが、とっくに忘れてしまった頃に、連絡が行きます。

連絡が遅すぎない？

今回はそういう設定ですから。さて、アンケートを実施している人は続けます。ただ、X社、Y社、どちらもミスの多い会社でして。

- X社は、当選した人に当選を連絡し忘れるミスを確率1%でやります。逆のミスはしません。

・Y社は、当選していない人に当選したと連絡してしまうミスを確率1%でやります。逆のミスはしません。
さて、あなたはどちらの会社の宝くじがほしいですか？

美統はちょっと考えて答えた。

それはY社のほうが得じゃない？　だって、X社の場合、本当に当たっていても通知が来ないことがあるけど、Y社のくじなら、絶対、当たったら通知がくるもの

妖精はうなずいた。

はい。女神さまのおっしゃる通り、期待値としてはたしかにY社のほうが良いですね。どちらの会社のくじも、確率1/100万で、コイン100万枚が当たるわけですから、Y社のくじは、期待値としてはコイン1枚の価値があります。しかしX社は、1%の可能性で連絡をし忘れるので、期待値が1%、減ってしまいます。つまり0.99枚となります。だから0.01枚分だけ、Y社のほうが得でしょう

今の話、別にベイズ統計を使わなくてもわかるけど

そうですね。ただ私は、それでもX社のくじをほしいと思います

どうして？

現実には何が起こるか、考えてみましょう。X社の場合、連絡が来れば100%、大当たりと確定しますので、素直に喜んでOKです。たしかに大当たりなのに連絡を忘れられてしまう可能性も1%ありますが、そのころには自分はとっくに忘れていますので、単に平和な日常が続くだけです

ええ

でもY社の場合、本当の当選者は1人なのに、なんと10001人に当選通知が行くことになります

えっ？

当選確率が100万分の1ということは、100万人の妖精がいたら、本当の当選者は1人だけですね？

そうね

しかし当選していない99万9999人…ほぼ100万人ですね…の1%、つまり1万人にも『あなたが当選しました』という通知を送ってしまうからです。つまりY社から当選通知が来ても、正しい当選メールは1/10001です。ほぼ、ぬか喜びなのです

美統は顔をしかめた。

Y社の前に怒った1万人が集まる姿が目に浮かぶわ

それだけミスの多い会社なら、念を入れて『本当に自分が当選したの？もう一度、確認してください』と言い、「調べました。やはりあなたが大当たりです」と言われてさえ怪しいものです。再確認の時も1%の確率で、当たっていない人にも『当たった』と言ってしまうミスをするのなら、再確認を要請した10001人のうち約101人にも『本当にあなたが大当たりです』と言ってしまうでしょう。つまり再確認した後でさえ、当選している確率は約1/101なのです。こんな騒動に巻き込まれるくらいなら、期待値がわずかに下がっても、X社のくじをもらうことにした方が、よっぽどいいと思いませんか？

見えない原因

アタリくじ
100枚

ハズレくじ
99,999,900枚

当選通知を
おくる係

ミスなく当選通知
100通送る

本来あたっていないのに
当選通知を送ってしまう

見えている現実

10,000,099通
当選通知が届いている

But

本当に当たっているのは
100通

第3章 ベイズ国

美統は頷いた。

たしかにそうね。でも今の話のどこにベイズ統計が使えるの？

さきほど私は『見えている現実から見えない原因を推測するのがベイズ統計の本質だ』と申し上げました。今回で言うと、『当選通知』が見えている現実になり、『本当に当たっているのか』が見えない原因となります

ちょっとわかりにくいけど？　宝くじが現実に当たってるかどうかが問題なんだから、『本当に当たっているのか』の方が現実じゃないの？

いえ、たとえばこの図でわかりますか？（69ページ）

『当選通知が来た』のは見えている現実だけど、実際に当たっているかどうかが不明で、それを推測しなくちゃいけないわけね？

そのとおりでございます。そうして、今回で言えば実際の当選確率がどれくらいかを計算するのに、ベイズの定理を使います

ベイズの定理って？

次のような数式です

$$P(B_i|A) = \frac{P(A \cap B_i)}{P(A)}$$

美統は「うわぁ」と思った。

見るのも嫌な数式ね。この縦線は何？

この縦線は、$B_i|A$だったら、『Aが起きた時にB_iが起きる』確率です。専門用語で条件付き確率といいます。たとえばP（赤いキノコを食べた | お腹を壊した）でしたら、お腹を壊したときに赤いキノコを食べた確率、となります

Uをひっくり返した∩みたいな記号の意味は？

$A \cap B_i$は、AかつB_iということです。P（お腹を壊した∩赤いキノコを食べた）でしたら、お腹を壊し、かつ赤いキノコも食べた確率となります

ふうん、と美統は思った。

でもどうして、Bの横に小さいiがついてるの？

Bは普通、B_1, B_2…というように、たくさんあるからです

どうして？

一般的にAは結果、B_iは原因です。そしてベイズの定理を使うのは、結果がはっきりしたときに、その原因が複数あるうちのどれか、探り当てたいからです。たとえばお腹を壊したときに、その原因が赤いキノコか青いキノコか、どちらかを推定したいからです

妖精は紙に数式を書いた。

先ほどの数式を、Aを結果、Bを原因というふうにして、いろいろ書き換えるとこうなります。原因と結果を直感的にわかりやすくするため、縦線は←にしてみました

$$\text{確率}(\text{原因}_i \leftarrow \text{結果}) = \frac{\text{確率}(\text{結果} \cap \text{原因}_i)}{\text{確率}(\text{結果})}$$

1 結果の
2 ときに
3 原因iである
4 確率
5 は
6 結果かつ原因iである
7 確率を
8 結果である確率で
9 割ったもの
10 と等しい

たとえばお腹を壊し、その原因が、どうやら直前に食べたキノコにあるらしい、とわかったとき、どの色のキノコが危ないのか知りたくなります。毎日、キノコはどちらか1つしか食べないとして、200日間、そういう実験を続けたら、以下のようなデータが得られたとします

		結果A	
		お腹を壊した	お腹を壊さなかった
原因B_1	赤いキノコを食べていた	90	10
原因B_2	青いキノコを食べていた	1	99

さきほどの式は、たとえばこうなります

4	3	2	1	5	7	6
確率	赤いキノコを食べていた	ときに	お腹を壊した	は	確率を	お腹を壊した かつ 赤いキノコを食べていた

$$\text{確率}(\text{赤いキノコを食べていた} \leftarrow \text{お腹を壊した}) = \frac{\text{確率}(\text{お腹を壊した} \cap \text{赤いキノコを食べていた})}{\text{確率}(\text{お腹を壊した})}$$

8	9	10
お腹を壊した確率で	割ったもの	と等しい

なので、お腹を壊したときに赤いキノコを食べていた確率は、表からわかる通り90/91ですが、それはお腹を壊し、かつ赤いキノコを食べた確率90/200を、お腹を壊した確率91/200で割ったものと等しくなる、というわけです

ふうん

ちなみに、お腹を壊したときに青いキノコを食べていた確率も計算してみましょう。表からわかる通り1/91ですが、それはお腹を壊し、かつ青いキノコを食べた確率1/200を、お腹を壊した確率91/200で割ったものと等しくなるわけです

それで何がわかるの？

仮説1：赤いキノコが怪しい、仮説2：青いキノコが怪しい、という2つの仮説について比較できます。

今回でしたら、お腹を壊したときに

赤いキノコを食べていた確率 = 90/91

青いキノコを食べていた確率 = 1/91

となるので、赤いキノコのほうが圧倒的に怪しい、とわかります。

美統はうなずいた。

それで、だいぶ遠回りしちゃったけど、宝くじの話をベイズの定理に当てはめるとどうなるの？

妖精は説明した。

今回の話は、見える『結果』とは、当選通知が 来た/来なかった です。そして見えない『原因』とは、宝くじに 当選した/当選していなかった となります。ですので、100万人に1人だけ当たるくじを1億枚、配ったとき、本来、あるべき姿を表にまとめると以下のようになります

本来、あるべき結果

		結果A	
		当選通知が来た	当選通知が来なかった
原因B_1	本当に当選していた (確率 1/100万)	$\frac{100}{1億}$	$\frac{0}{1億}$
原因B_2	当選していなかった (確率 99万9999/100万)	$\frac{0}{1億}$	$\frac{9999万9900}{1億}$

美統は表をじっくり見た。

1億人のうち100人だけ当選して、その100人にはちゃんと通知が来て、残りの外れた人たちには当選通知が来なかった…ってことね

はい。ところがX社は当選した人の1%に連絡ミスを、Y社は当選しなかった人の1%に連絡ミスをするわけですから、表にすると、それぞれこうなります

X社の結果

		結果A	
		当選通知が来た	当選通知が来なかった
原因B_1	本当に当選していた（確率 1/100万）	99/1億 →	1/1億（1%のミス）
原因B_2	当選していなかった（確率 99万9999/100万）	0/1億	9999万9900/1億

Y社の結果

		結果A	
		当選通知が来た	当選通知が来なかった
原因B_1	本当に当選していた（確率 1/100万）	100/1億	0/1億
原因B_2	当選していなかった（確率 99万9999/100万）	999999/1億 ←	98999901/1億（1%のミス）

それで？

ここでベイズの定理を使います。いま興味があるのは、X社やY社から当選通知が来た時に、それが実際にどれくらい当選しているか、ですね。記号でいうと、X社のときは

確率（本当に当選した ｜ X社から当選通知が来た）

となります。計算してみましょう。
結果は1となります。X社から当選通知が来たときに当選している確率は1で、つまり喜んでいいとわかります

確率(本当に当選した | X社から当選通知が来た)	=	$\dfrac{確率(X社から当選通知が来た \cap 本当に当選した)}{確率(X社から当選通知が来た)}$		
	=	$\dfrac{\frac{99}{1億}}{\frac{99}{1億}}$	=	1

Y社のときは？

Y社のときは

$$確率(本当に当選した \mid Y社から当選通知が来た)$$

となります。計算してみましょう。

確率(本当に当選した | Y社から当選通知が来た)	=	$\dfrac{確率(Y社から当選通知が来た \cap 本当に当選した)}{確率(Y社から当選通知が来た)}$		
	=	$\dfrac{\frac{100}{1億}}{\frac{100+999999}{1億}}$	=	$\dfrac{100}{1000099}$

結果は1000099=0.00009999901となり、ざっくり言って1万分の1です。つまりY社から当選通知が来ても、本当に当選している確率は1万分の1です。浮かれてむだ遣いをするにはまだ早いですね

Wekaというフリーソフトによるベイズ問題のモデル化と使い方

機械学習ソフトウェアWekaのインストールと使い方を説明します。Wekaは、ニュージーランドのワイカト大学で開発された、フリーで使える機械学習ソフトウェアです。Windows版やMac OS X 版、Linux版があり、さまざまな分析ができます。この本ではWindows版を例に、ベイジアンネットワークの図を描いて、ビジュアルに解析する機能を使ってみましょう。

step 1 Wekaのダウンロード

以下のサイトから、Wekaをダウンロードしましょう。

- https://ja.osdn.net/projects/sfnet_weka/downloads/weka-3-6-windows-jre/3.6.14/weka-3-6-14jre.exe/
- 短縮URL　https://bit.ly/3BSKUml

Windows 安定版の最新版は2021年12月の時点で3.8.5ですが、メニューの日本語に対応していません。ですので、すこし古い3.6系列をあえて選択しましょう。

step 2 Wekaのインストール

警告画面は気にせず「はい」をクリック。

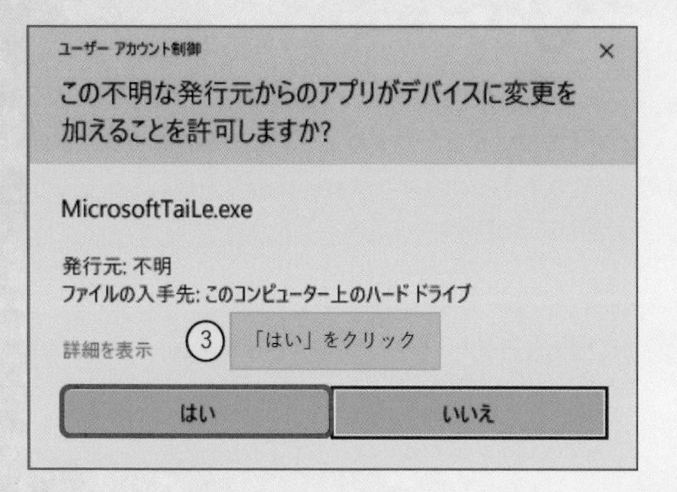

「Next」をクリック

「I Agree」をクリック。

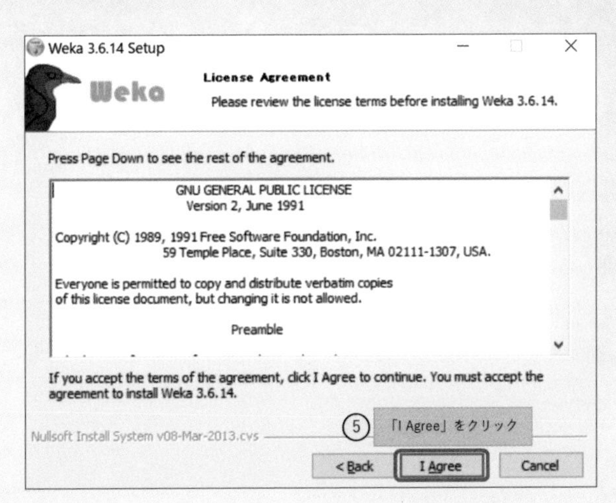

「Next」をクリック。

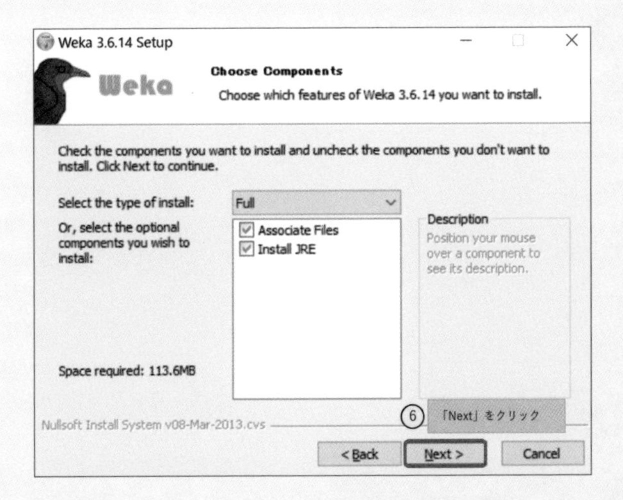

「Next」をクリック。

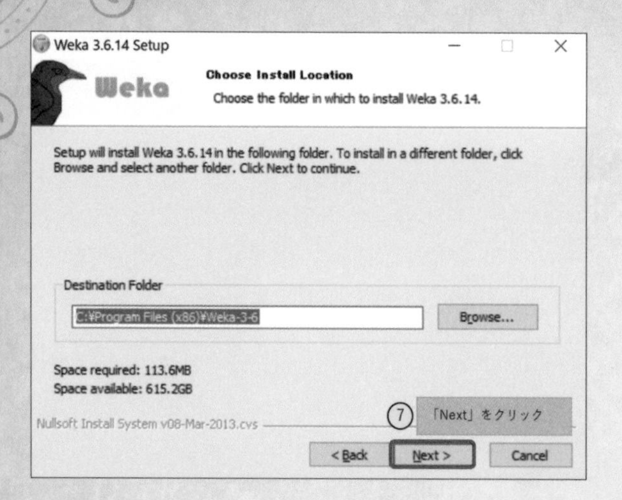

「Install」をクリック。

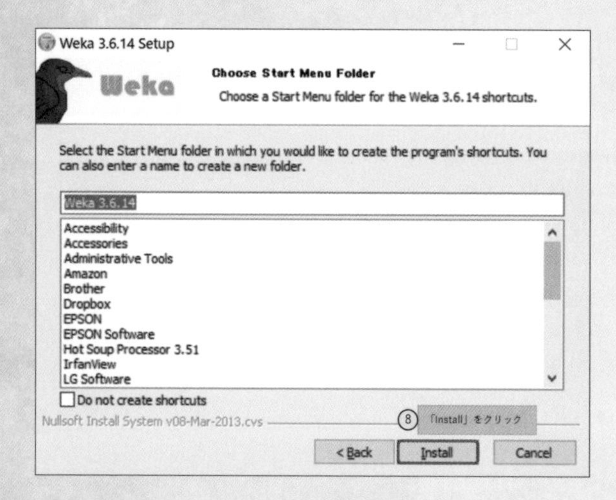

するとインストールが始まり、Javaが入っていなければJavaもインストールするよう促されます。「インストール」をクリック。

黒いプロンプト画面が出てきたら右上の×で閉じてください。

するとJavaのインストールが始まります。

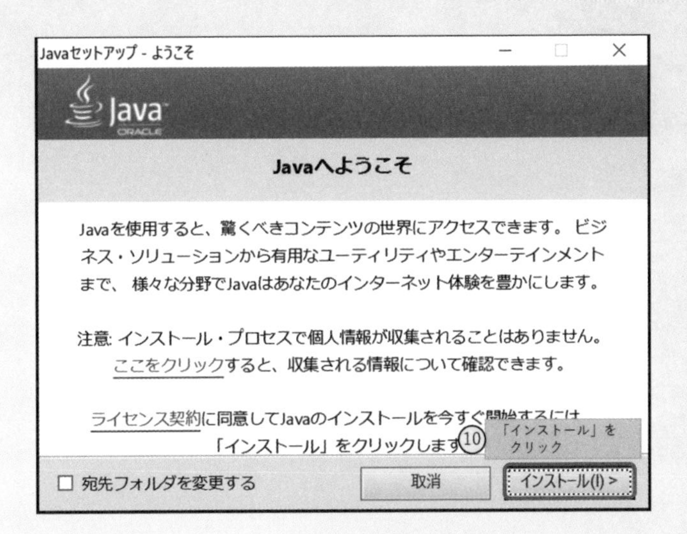

Javaのインストール中はこんな画面です。

Javaのインストール完了画面が出ます。「閉じる」を押してください。

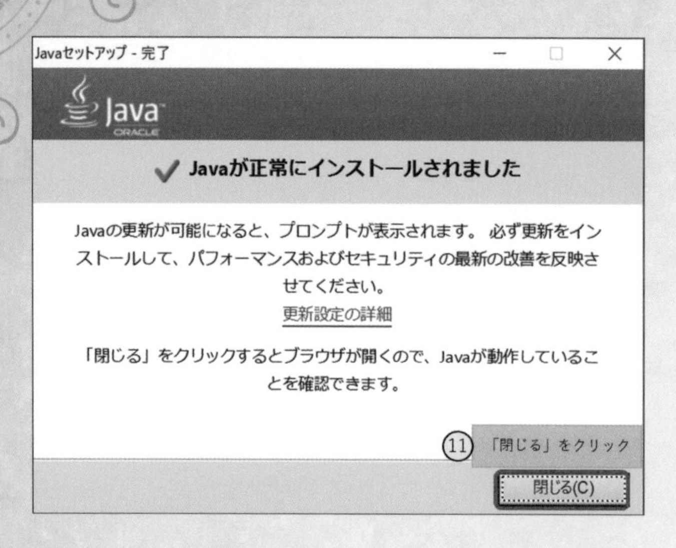

そして、Wekaのインストールも自動的に始まります。しばらく下のような画面になります。

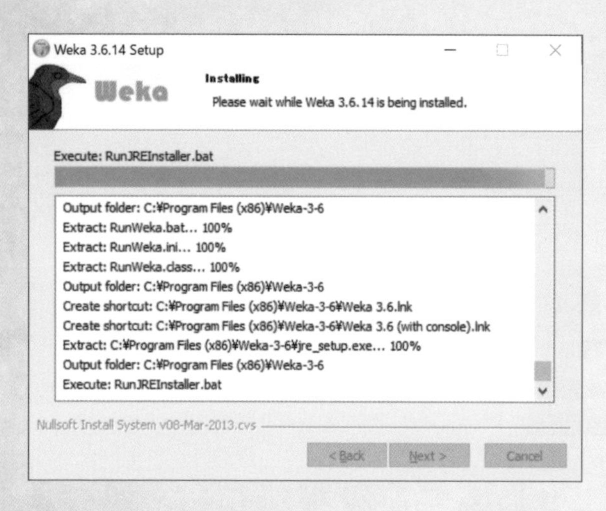

この画面でインストールが止まっていたら、右上の×を押して窓を閉じてください。

そして、インストール終了画面が出ます。「閉じる」を押します。

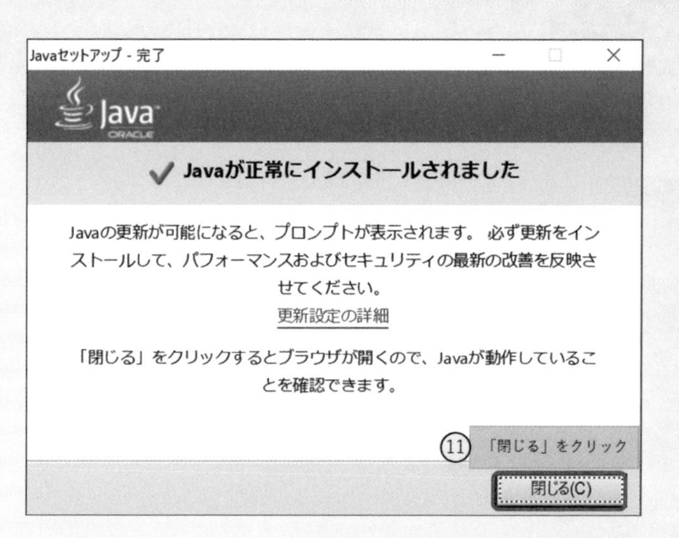

ブラウザで、Javaのバージョン確認ページに飛ぶかもしれませんが閉じてください。

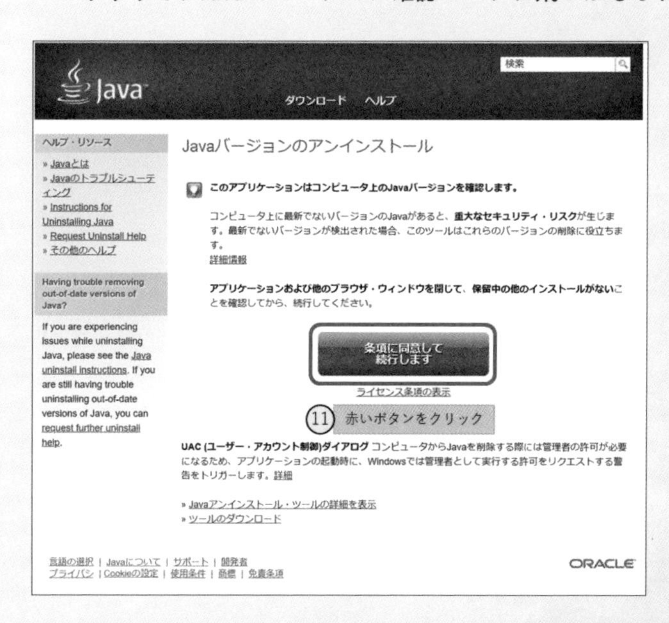

Javaのインストールは終わりました。Wekaのインストールも始まっています。

これでWekaをインストールできました。

step 4 Wekaの起動

Wekaを起動しましょう。「Windowsボタン」でメニューを出し、「Weka 3.6.14」の「Weka3.6」を選択すします。

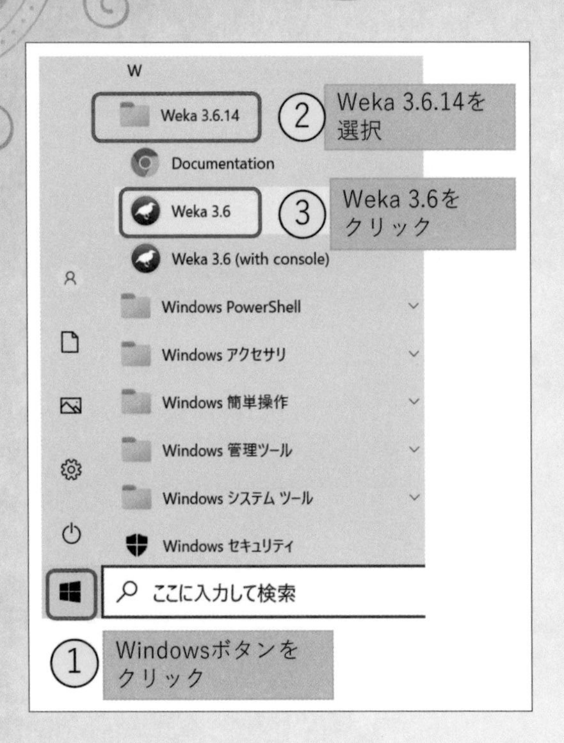

すると、Wek a の起動画面になります。今回はベイズネットワークの機能を使いますので、「ツール」「ベイズネットワークエディッター」を選択します。

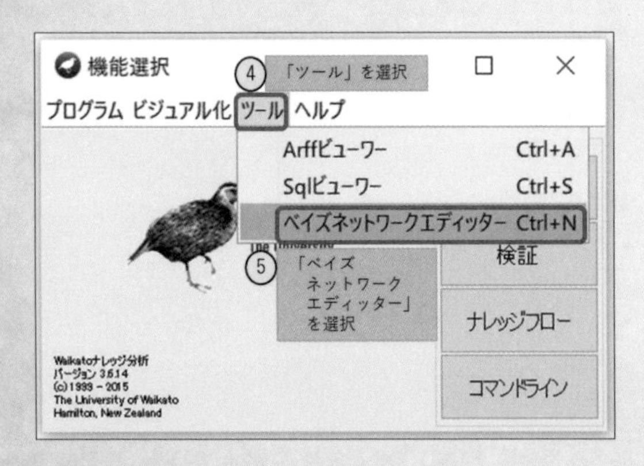

「Tool」「Show Margins」を選択します。（この時点ではなにも起きません）

⑥「Tool」を選択

File Edit Tools View Help

Generate Network Ctrl+N
Generate Data Ctrl+D
Set Data Ctrl+A
Learn Network Ctrl+L
Learn CPT
Layout Ctrl+L
Show Margins
Show Cliques

⑦「Show Margins」を選択

Status bar

Wekaではベイズのネットワークを、以下のような楕円と矢印を結んだ図で示します。たとえば次の図は、「X会社のくじ」という楕円（ノード）から、「当選通知」という楕円（ノード）に矢印が引かれています。

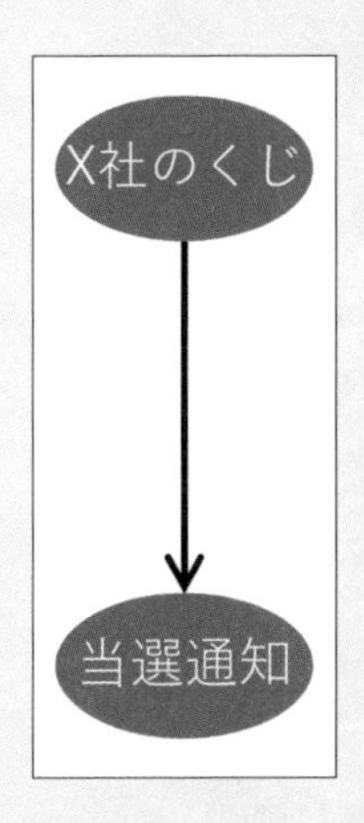

まず上の、「X社のくじ」のノードを描いてみましょう。

画面の何もない白いところを右クリックし、ノード設定画面になります。ノードとは、ネットワーク図を丸を線でつないで描くときの○のことです。

たとえば「X社のくじは 1/100万 の確率で当たる」という事象を表で示すと以下のようになります。

X社のくじ

当たり	0.000001
外れ	0.999999

これをWekaで表現してみましょう。

それでは今から、ベイズのネットワーク図を書いていきます。画面の何もないところを右クリックして「Add node」を選択してください。

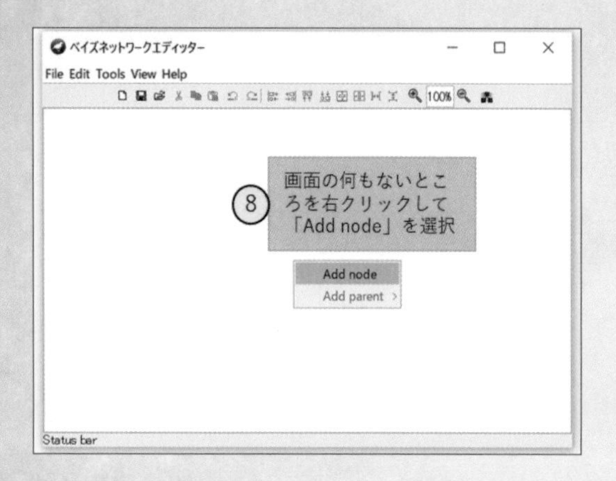

Add Nodeの画面では、Name欄は「X社のくじ」、Cardinalityは「2」のままにしてください。

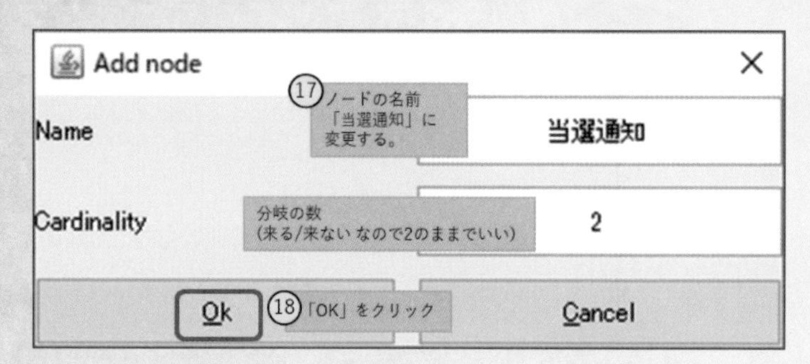

すると次のような画面になります。

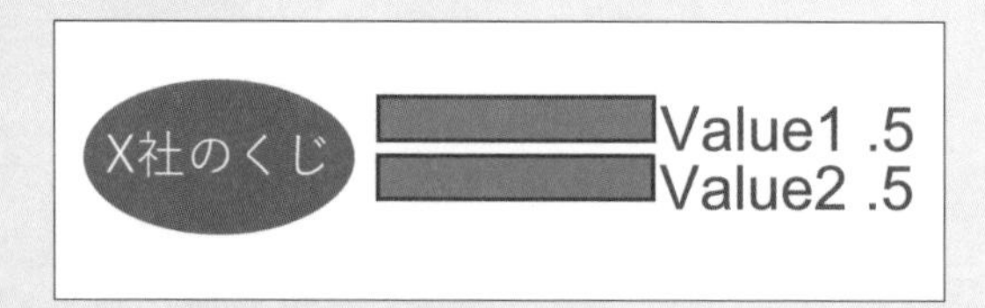

いま、2つの選択肢（Value1とValue2）があり、それぞれ確率が0.5になっています。これを、選択肢は「当たり」と「外れ」、確率は当たりが1/100万、外れを99万9999/100万に変更してみましょう。

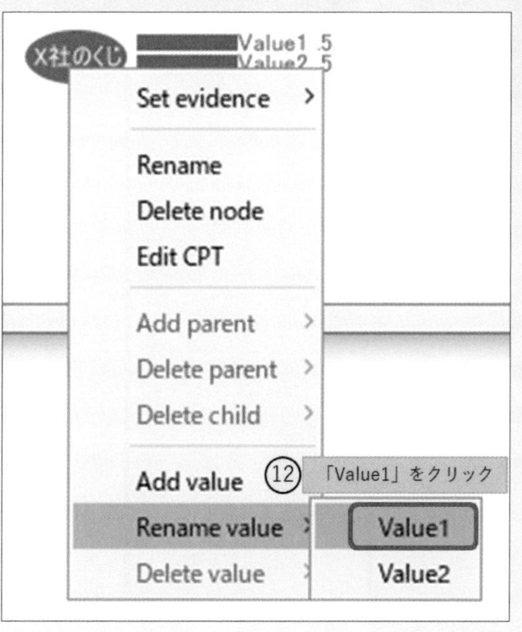

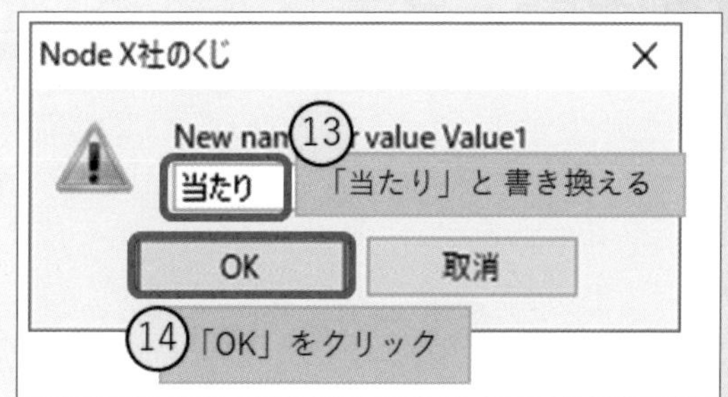

すると以下のようになります。

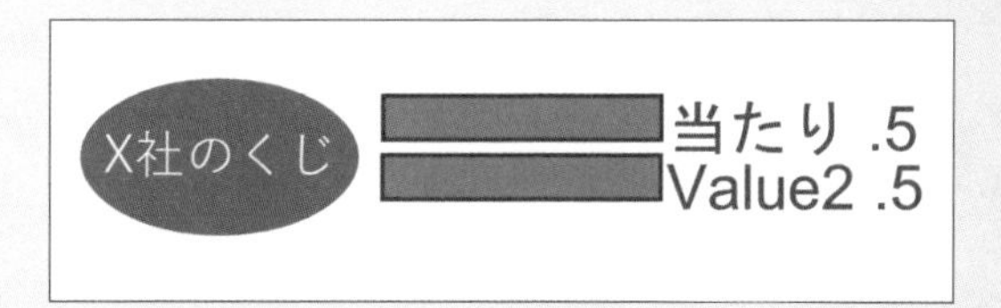

同様に、Value2も「外れ」に書き換えてください。するとこうなります。

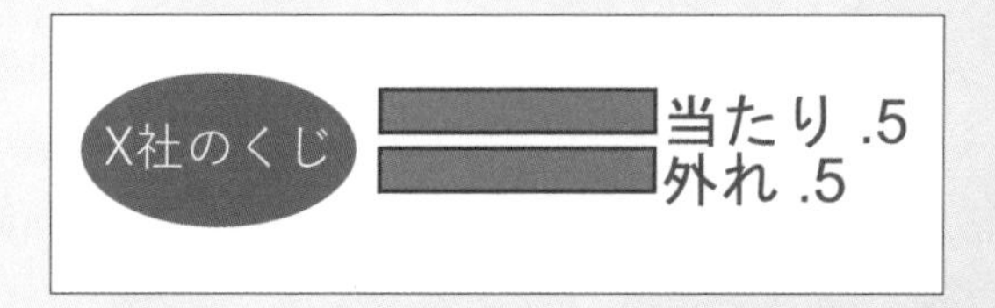

次に「当たり」と「外れ」の確率を変えてみましょう。「X社のくじ」という灰色の楕円を右クリックしてください。すると、次のような画面になります。「Edit CPT」をクリックしてください。

第3章 ベイズ国

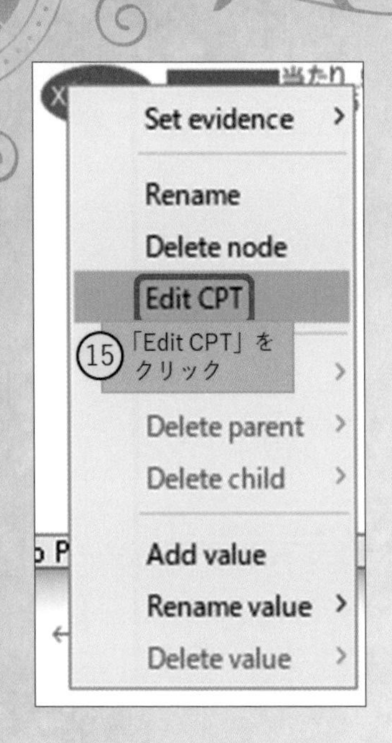

値を入れるのは「当たり」でも「外れ」いいのですが（合計が1になるよう調整されます）、「外れ」のほうが、0. のあとに9を6つ入れれば良いというわかりやすさがありますので、「外れ」に値を入れてみましょう。そして「Ok」ボタンを押します。

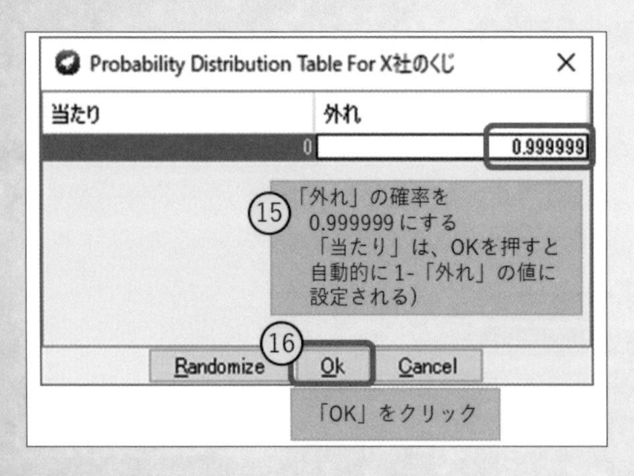

すると確率が以下のように表示されます。表示桁数の問題で「当たり」が0に見えますが、実際には0.0000001と0.999999になっています。

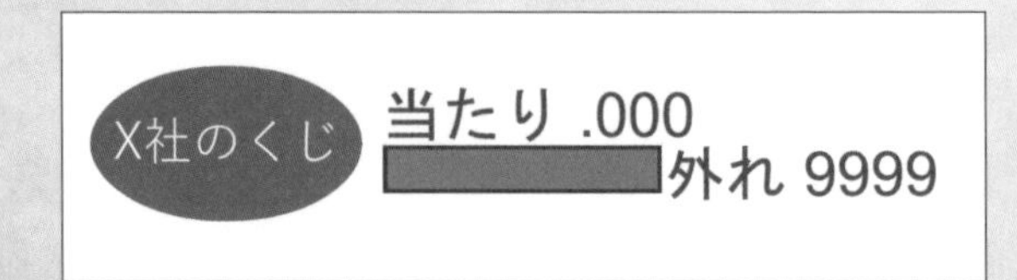

さて、もう1つ、ノードを作る必要があります。「当選通知」です。前回と同様、画面の何もない白いところを右クリックして「Add node」で、「当選通知」というノードを追加してください。

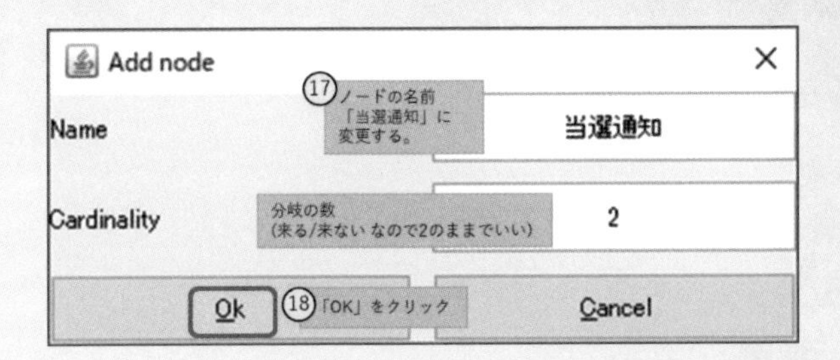

当選通知は「来る」「来ない」の2つの可能性がありますので、設定しましょう。「当選通知」の灰色楕円を右クリックして、さきほどと同じように、「Rename Value」から、最初の選択肢「Value1」を「来る」、「Value2」を「来ない」に変更します。

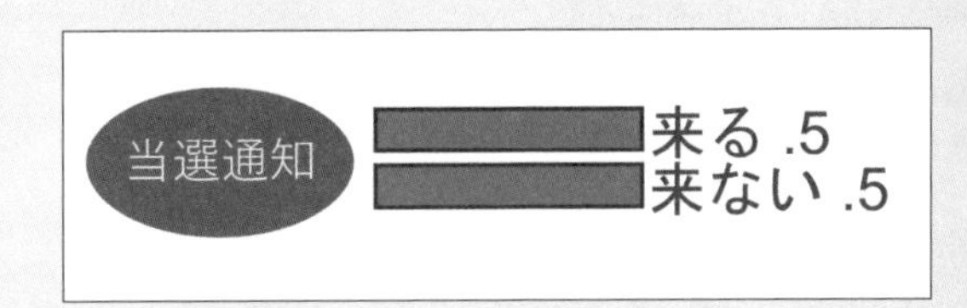

「当選通知」の方は確率を設定しなくてかまいません。

さて、ここからは、いよいよ2つのノードを連結します。今回は「X社のくじ」が「親」で「当選通知」が「子供」です。というのも、まず「くじが当たったかどうか」が先に決まり、その後に当選通知を送るからです。Wekaでは親子関係は、先に「子供」を指定し、その「親」を指定する、という形で設定します。ですので「子供」にあたる「当選通知」の灰色楕円を右クリックしてください。すると次のような画面になります。

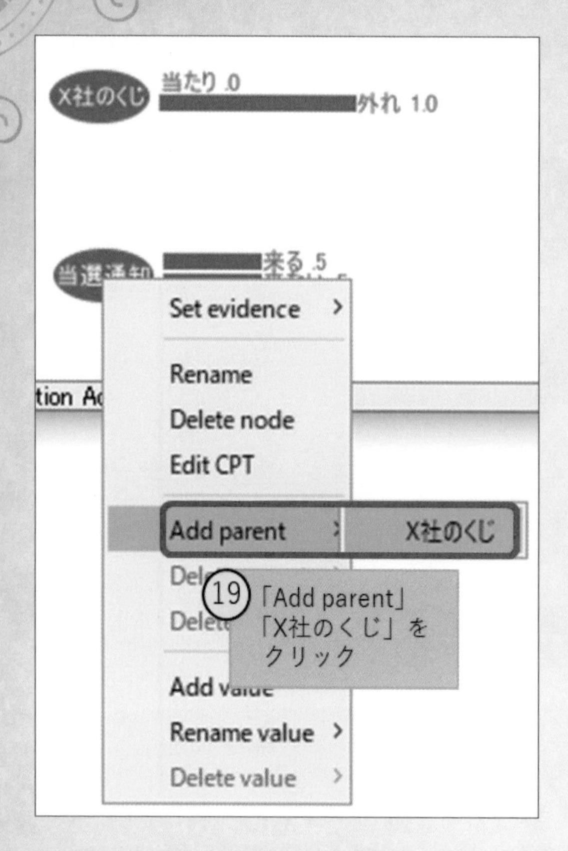

すると、以下のような画面になります。

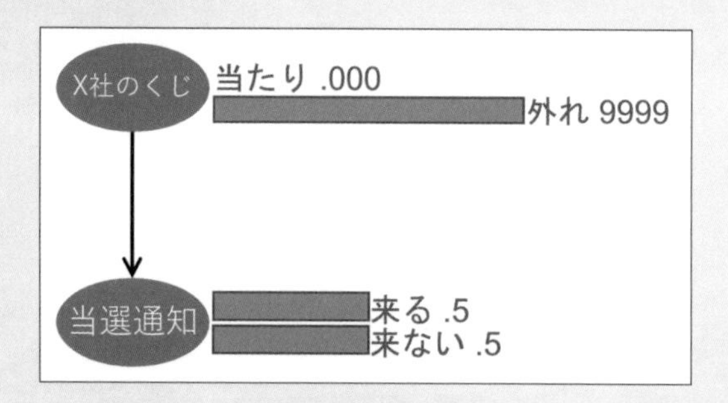

今のところ、X社の宝くじを買って当選通知が来る確率は0.5、つまり50%にもなっていますがご心配なく、まだ設定していない情報があるからです。つまり、「当たり/外れ」のときに、当選通知を「送る/送らない」の確率の設定です。

X社は、宝くじが当選している場合は99%の確率で当選通知を出し、1%は出し忘れてしまいます。逆に、外れた時に当選通知を出すことはありません。表にまとめると以下です。

	来る	来ない
当たり	0.99	0.01
外れ	0	1

この値を設定しましょう。「当選通知」の灰色楕円を右クリックし「Edit CPT」を選択しましょう。

そして、以下のように確率を設定して「OK」を押します。

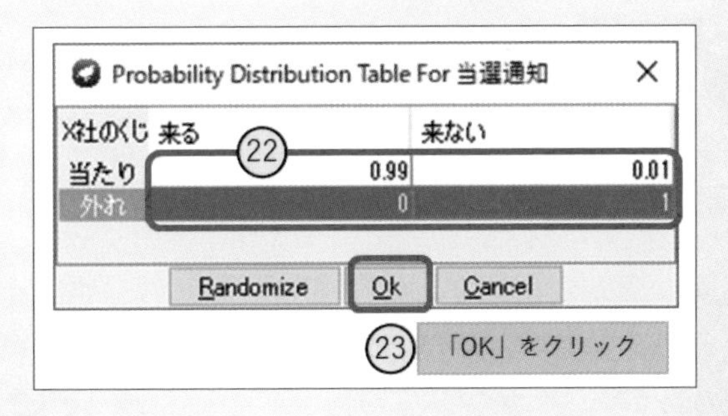

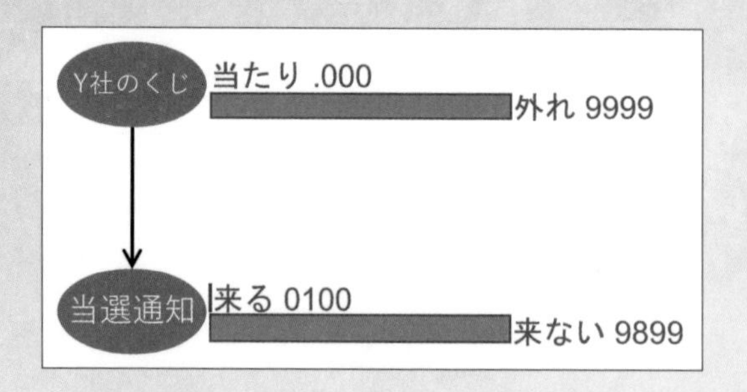

するとさきほどと異なり、当選通知が来る確率はほぼ0になっています。表示桁数の問題で0.900になっていますが、本当は99/1億です。さて、ここからがいよいよWekaの出番です。宝くじを買ったときに当選通知が来る確率は99/1億ですが、「当選通知が来た」ときに、実際に「宝くじが当たっている」確率を求めてみましょう。

「当選通知」の灰色楕円を右クリックして、「Set evidence」「来る」を選択すると、「当選通知が来た」という条件の下での、X社の宝くじが当たっていた確率が表示されます。

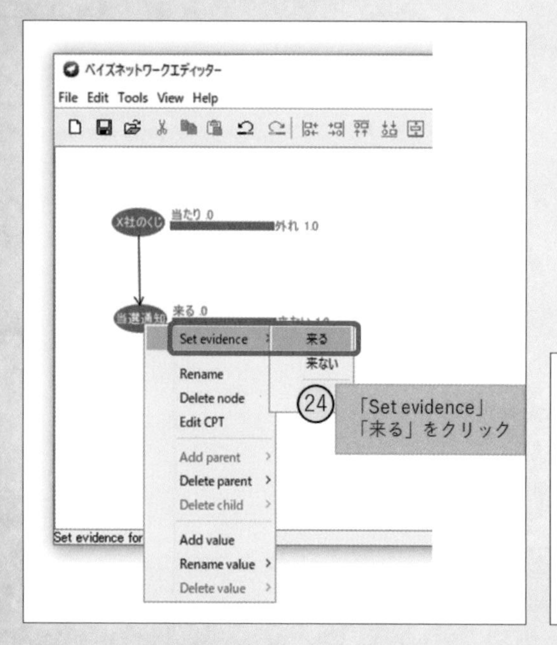

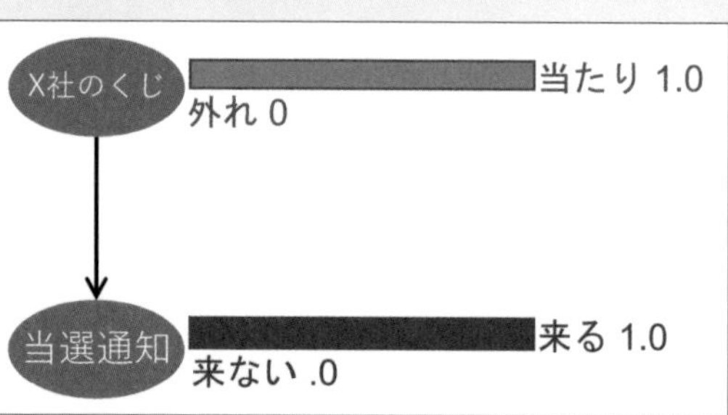

するとX社のくじは、「当選通知が来た」という前提条件の下では、本当に当たっている確率は1です。つまり、大喜びしてかまいません。

さて「当選通知が来た」という設定を取り消し、元に戻しておきましょう。再び「当選通知」の灰色楕円を右クリックして、「Set evidence」「Clear」を選択します。すると先ほど設定した「当選通知が来た」という条件をクリアできます。

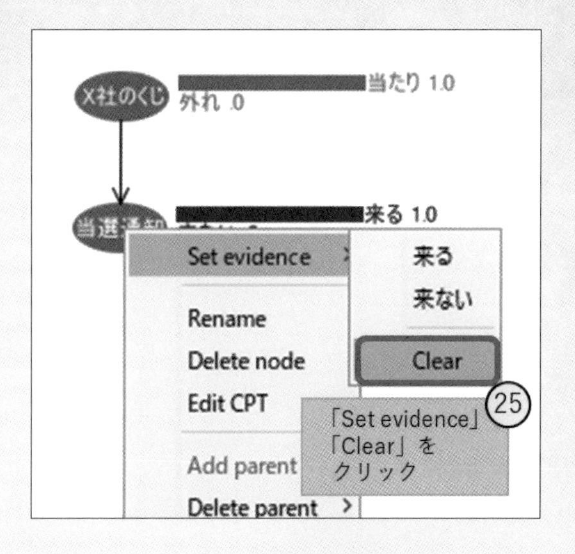

すると、さきほどの状態に戻ります。

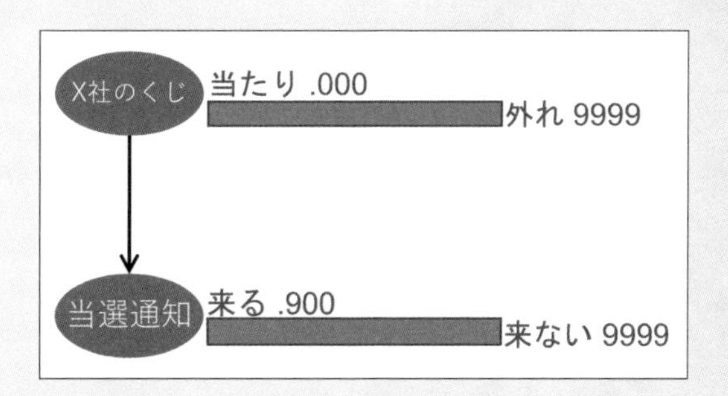

さて、いよいよトラブルメーカー、Y社について調べてみましょう。X社の図を作った要領で、Y社のケースも図にしてみます。やり方はX社のときと同様です。X社のときとの違いは、「当選通知」の灰色楕円を右クリックし「Edit CPT」を選択したあと、次のようなデータを入力することです。

	来る	来ない
当たり	1	0
外れ	0.01	0.99

Probability Distribution Table For 当選通知

Y社のくじ	来る	来ない
当たり	1	0
外れ	0.01	0.99

Randomize　Ok　Cancel

ネットワーク図を作り終えるとこうなります。X社のときと異なり、Y社のときは、かなりの確率で当選通知が来ることがわかります。実際の確率は1000099/1億、つまり約$\frac{1}{100}$です。

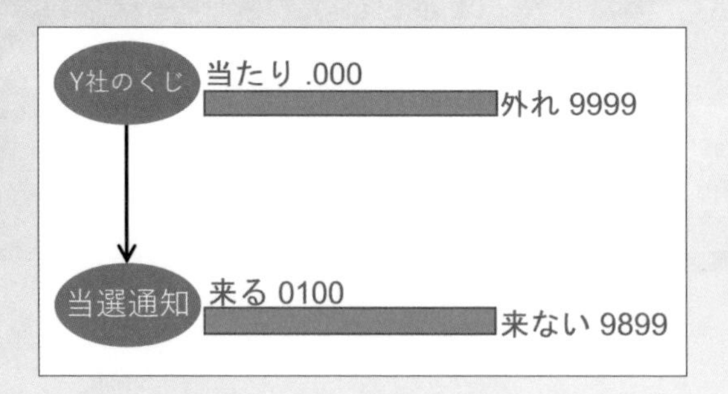

さて、Y社から当選通知が「来た」と設定してみましょう。

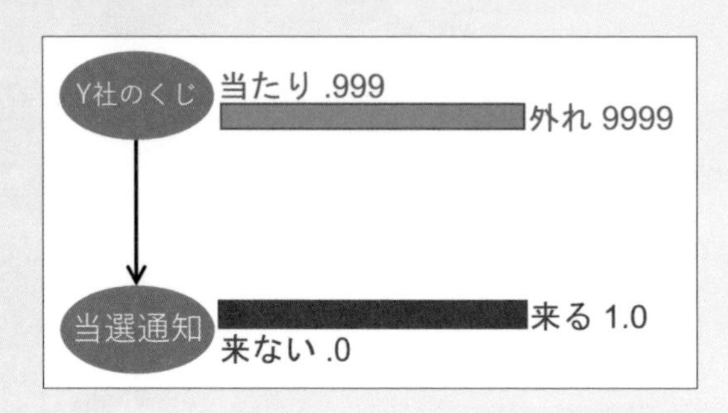

すると、当選通知が来たときでさえ「当たり」という文字の左側に緑色のバーが見えません。いかにY社の当選通知が信用できないかがわかります。100万99通の当選通知のうち、本当に当たっているのは100通だけ。つまり、ほぼ1万分の1なのです。

妖精が言いました。

女神さま、それでは私どもから、最後の問題です

何かしら？

3つの質問でセットです。問1。女神さまのおられる世界では、現在この瞬間に幸せを感じている人は、この瞬間に笑顔である人の何倍いると思いますか？　笑顔の人の方が多いと思うなら、分数でかまいません

美統は悩んだ。内心では幸せじゃなくても、笑ってる人のほうがずっと多いような気がする…。

まあ、$\frac{1}{5}$くらい？

妖精は頷いた。

それでは問2です。女神さまのおられる世界では、人が幸せな時に、笑顔になる確率は？

美統はまた悩んだ。心の中では幸せでも、あんまり表情に出ない人もいるし……。

50%くらいだと思う

妖精は頷いた。

それでは最後の質問、問3です。女神さまのおられる世界では、現在、この瞬間に笑顔である人は全人口の何パーセントくらいだと思いますか？

美統はすこし考えた。大きな街でみんなを見ても、笑顔の人なんてそんなに見かけないし……。私だって一日のうちで笑顔の時なんて、きっと10分くらいだし……。

まあ、2%くらいじゃない？

ありがとうございます

で、この質問で何がわかるの？

ベイズの定理を覚えていますか？

$$P(B_i|A) = \frac{P(A \cap B_i)}{P(A)}$$

美統は思い出した。

ああ、覚えたばかりのあれね。それがどうしたの？

今回は『見えている現実』が笑顔か／そうではないかで、『見えない原因』が、幸せか／そうではないか、です

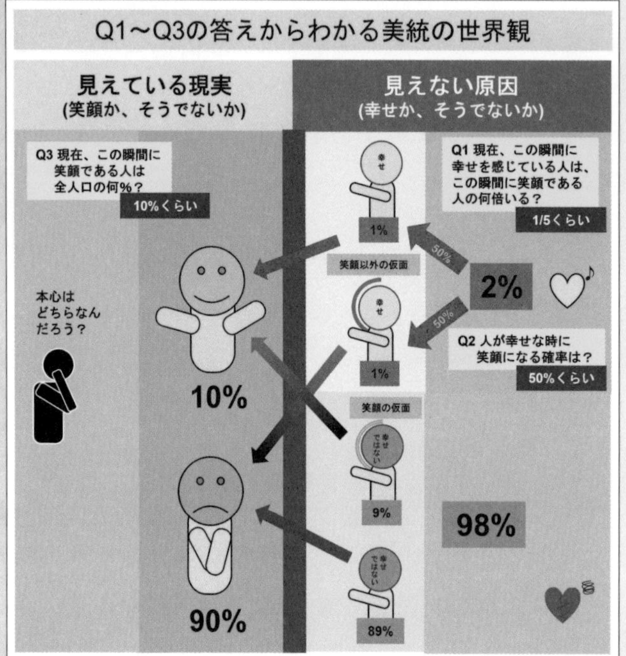

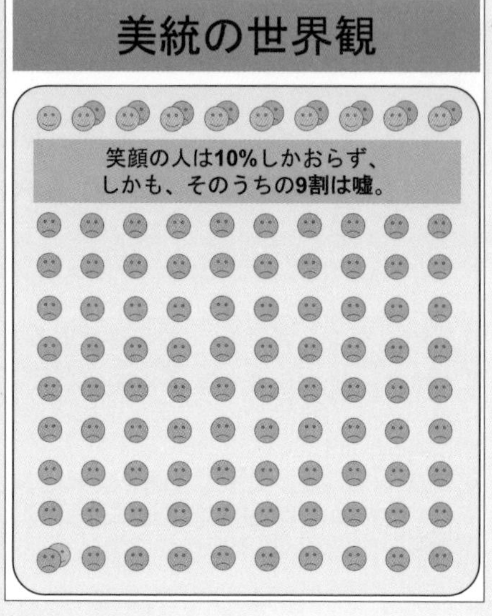

そうだとして、さっきの3つの質問から何がわかるの？

ベイズの定理の、Aを笑顔、Bを幸せとすると、

$P(幸|笑) = \frac{P(笑)}{P(幸)} \times P(笑|幸)$となります

ちょっと形が変わってない？

掛け算の順序を変えただけで、内容は同じです

美統は数式をしばらく眺めて頷いた。

それで？

女神さまは、先ほど問1で、幸せな人は笑顔の人の$\frac{1}{5}$とおっしゃっていました。つまり、最初の項は$\frac{1}{5}$となります

$P(幸|笑) = \frac{1}{3} \times P(笑|幸)$

そうなるわね

また問2から、P笑幸、つまり人が幸せな時に、笑顔になる確率は50%くらいと述べられました。つまり、2番目の項は$\frac{1}{2}$となります

$P(幸/笑) = \frac{1}{5} \times \frac{1}{2}$

計算すると$\frac{1}{10}$ね

そうです。つまり問1と問2から女神さまは、笑顔の人の$\frac{1}{10}$しか本当は幸せではない、という世界観をお持ちと計算できるのです。しかも問3で、笑顔の人は10%と答えています。つまり$P(笑) = \frac{10}{100}$です。ですが問1から、本当に幸せな人はその$\frac{1}{5}$、つまり$\frac{2}{100}$と考えていることもわかります。あまりに寂しい世界観ではありませんか？

美統はちょっと反省した。

もしかしたら、周りの人たちは、自分が考えているよりもずっと素直で、幸せならシンプルに笑顔になる人たちが多いのかもしれない、それに、私の「笑顔」の定義が厳し過ぎるのかも。ちょっと微笑んでいる人だって、立派な笑顔と思うべきかも。仮に作り笑顔だったとしても、ほとんどの場合、悪い動機じゃないんだろうし。

美統は妖精に言った。

ありがとう。私の友達についてすこし悩んでいたんだけど、もう一度、友達のことを違った視点で見るようにする

妖精は頷いた。

それでは女神さまにプレゼントです

うれしい！　なになに？

ベイズの定理に関する例題でございます

美統はげんなりした。妖精はにっこりした。

その2問の例題をお解きになられたら、本当にプレゼントを差し上げます…かなり驚かれると思いますよ

例題

例題❶

妖精の国には赤、黄、青の3種のキノコがあり、キノコ全体のうちの占める確率は、それぞれ0.1、0.2、0.7であったとします。またそれぞれの色のキノコを茹でて1本、食べたときに食中毒になる確率は赤（50%）、黄（30%）、青（10%）であったとします。ところがどのキノコも茹でてしまうと、色が灰色になってしまい、元が何色だったかわかりません。

さてある日、美統はキノコを1本、茹でた料理を食べ、食中毒になってしまいました。食べたキノコが赤、黄、青であった確率をそれぞれ求めなさい。

美統は「女神になんてもの食べさせるのよ！」とぶつぶつ言いながら問題を解いた。

例題❶の解答

$$P(\text{赤}|\text{毒})=\frac{P(\text{赤})\times P(\text{赤})}{P(\text{毒})}=\frac{\text{赤キノコを食べて毒に当たる確率}\times\text{赤キノコだった確率}}{\text{赤キノコに当たった確率}+\text{黄キノコに当たった確率}+\text{青キノコに当たった確率}}$$

$$=\frac{0.5\times 0.1}{0.1\times 0.5+0.2\times 0.3+0.7\times 0.1}=\frac{0.05}{0.05+0.06+0.07}=\frac{0.05}{0.18}=\frac{5}{18}=0.278$$

$$P(\text{黄}|\text{毒})=\frac{P(\text{赤})\times P(\text{赤})}{P(\text{毒})}=\frac{\text{黄キノコを食べて毒に当たる確率}\times\text{黄キノコだった確率}}{\text{赤キノコに当たった確率}+\text{黄キノコに当たった確率}+\text{青キノコに当たった確率}}$$

$$=\frac{0.3\times 0.2}{0.1\times 0.5+0.2\times 0.3+0.7\times 0.1}=\frac{0.06}{0.05+0.06+0.07}=\frac{0.06}{0.18}=\frac{6}{18}=0.333$$

$$P(\text{青}|\text{毒})=\frac{P(\text{青})\times P(\text{青})}{P(\text{毒})}=\frac{\text{青キノコを食べて毒に当たる確率}\times\text{青キノコだった確率}}{\text{赤キノコに当たった確率}+\text{黄キノコに当たった確率}+\text{青キノコに当たった確率}}$$

$$=\frac{0.7\times 0.1}{0.1\times 0.5+0.2\times 0.3+0.7\times 0.1}=\frac{0.07}{0.05+0.06+0.07}=\frac{0.07}{0.18}=\frac{7}{18}=0.389$$

よって 赤・黄・青であった確率はそれぞれ 0.278, 0.333, 0.389。

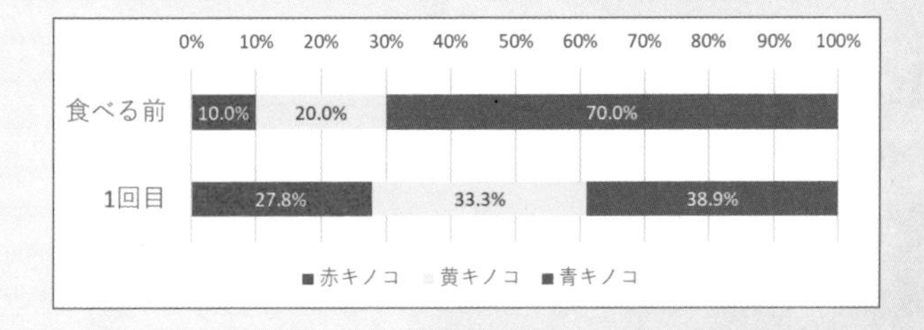

妖精はにっこりした。

素晴らしい、それではもう1問です。例題1の続きです。頑張ってください

例題❷

美統は例題1で当たってしまったキノコと同じキノコを使った料理を、もう1回、食べました。すると、**またしても**食中毒になりました。食べたキノコが赤、黄、青であった確率をそれぞれ求めなさい。

美統は嫌な顔をした。

私、どれだけ食い意地が張ってるって設定なの？

美統は問題を解こうとして、妖精に尋ねた。

あれ、この問題、例題1とまったく同じじゃない？

妖精は首を振った。

いえ、例題1のときは、まだ女神さまがキノコに当たってしまう前です。ですから、キノコが赤、黄、青である確率は、キノコ全体に占める割合0.1、0.2、0.7と等しいと仮定するのが自然でした。ところが今回は、すでに同じキノコを一度食べ、当たったという事実があります。つまり例題1で求めたように、キノコが赤、黄、青である確率は0.278, 0.333, 0.389と考えるべきなのです

美統は感心した。

前回、食べたら当たっちゃったってことは、このキノコが赤である確率は上がっているはずだ、ってことね

はい。ですので、今度はキノコが 赤、黄、青である確率を、0.1、0.2、0.7ではなく、0.278, 0.333, 0.389という最新データに更新してから計算してください。これをベイズ更新といいます

わかったわ

美統は例題2を解いた。

例題❷の解答

$$P(\text{赤}|\text{毒},\text{毒}) = \frac{P(\text{赤}) \times P(\text{赤})}{P(\text{毒})} = \frac{\text{赤キノコを食べて毒に当たる確率} \times \text{赤キノコだった確率}}{\text{赤キノコに当たった確率} + \text{黄キノコに当たった確率} + \text{青キノコに当たった確率}}$$

$$= \frac{0.5 \times 0.278}{0.278 \times 0.5 + 0.333 \times 0.3 + 0.389 \times 0.1} = \frac{0.139}{0.139 + 0.100 + 0.0389} = 0.500$$

$$P(\text{黄}|\text{毒},\text{毒}) = \frac{P(\text{黄}) \times P(\text{黄})}{P(\text{毒})} = \frac{\text{黄キノコを食べて毒に当たる確率} \times \text{黄キノコだった確率}}{\text{赤キノコに当たった確率} + \text{黄キノコに当たった確率} + \text{青キノコに当たった確率}}$$

$$= \frac{0.3 \times 0.333}{0.278 \times 0.5 + 0.333 \times 0.3 + 0.389 \times 0.1} = \frac{0.100}{0.139 + 0.100 + 0.0389} = 0.360$$

$$P(\text{青}|\text{毒},\text{毒}) = \frac{P(\text{青}) \times P(\text{青})}{P(\text{毒})} = \frac{\text{青キノコを食べて毒に当たる確率} \times \text{青キノコだった確率}}{\text{赤キノコに当たった確率} + \text{黄キノコに当たった確率} + \text{青キノコに当たった確率}}$$

$$= \frac{0.1 \times 0.389}{0.278 \times 0.5 + 0.333 \times 0.3 + 0.389 \times 0.1} = \frac{0.0389}{0.139 + 0.100 + 0.0389} = 0.140$$

よって 赤・黄・青であった確率はそれぞれ 0.500, 0.360, 0.140。

これでいい？

はい。正解です。グラフにするとこうなります

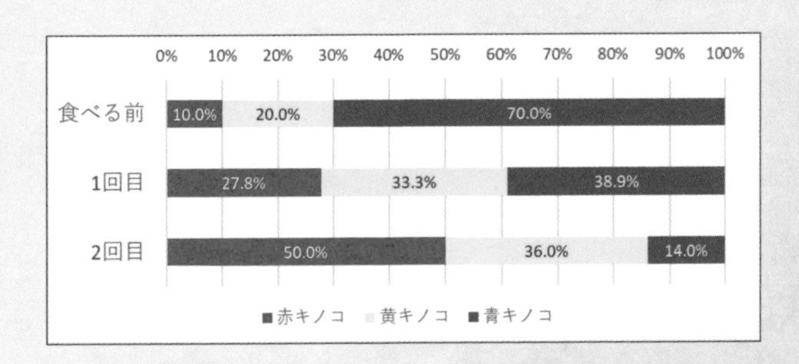

美統は頷いた。

赤いキノコの疑わしさが、食中毒になるたびに強まる様子が目に見えるわね

ベイズの定理のまとめ

- ベイズの定理
  ベイズの定理とは「事象Aが起こる」という条件のもとで、事象Bが起こる確率、つまり条件付き確率についての関係を述べた式です。実際には、事象Aが「目に見える結果」、事象Bが「見えない原因」で、また事象Bは事象B_1、事象B_2…と複数あることが多いです。ある結果（事象A: たとえば「おなかを壊した」「当選通知が来た」）が得られたときに、その原因を探りたい（事象B「赤のキノコを食べた／青のキノコを食べた」「本当に当選した／宝くじ会社が当選通知を誤発送した」）からです。

- 事後確率
  ある情報が手に入った（たとえば結果を知った）という条件の元での、ある事象の起きる（主観的な）確率のこと。

- ベイズ更新
  次々に手に入るデータから確率分布を更新すること。

- ビッグデータとベイズ統計学
  ベイズ統計学では、「事前確率」という主観的に決めていい部分があるため、常識や経験を反映させることができるメリットがあります。またデータが集まるにつれて、徐々に最初の仮説を更新していくことで、データを学習し進化していくことができます。ビッグデータの世界、ことに膨大なデータが刻々と集まり、その時々で最良の予測をすることが必要な世界には有用でしょう。

たいへんお疲れさまでした。ベイズの定理を理解されているようで何よりです。それではお約束のプレゼント……我々に代々伝わる『予言の書』を**読む権利**を差し上げます

美統はあきれた。

あの無茶ぶりの書を『読む権利』？　くれるんじゃなくて？

女神さまにも差し上げることができないのです。それは『予言の書』の最終章を読んでいただければ、納得いただけると思います

美統は妖精から、厳重に封印されている「予言の書」を受け取り、最終章まで読んだ。それは不思議な章だった。AからBに、BからCに…という手紙の集まりだったのだ。

最後の手紙を書いたのは、美統の母親だった。この本は美統の家に代々、伝わるもので、母親も若いころ、この本を読んだ、とのことだった。美統は驚きつつも納得した。

きっとお母さんも、この本で統計の面白さに目覚めたから、いま統計の仕事をしてるのね

母親の手紙の最後は、「あなたも将来の自分の子供に宛てて、手紙を最終章につぎ足しなさい」というものだった。美統はため息をついた。

お母さん、いつもの無茶ぶり！　だからこの『予言の書』、女神の私に対してさえ、いろいろ遠慮がなかったのね

美統は悩みながらも、未来の自分の子供を想像して、手紙を書き足した。

手紙を書き終えるとタイムがやってきた。

これで長い旅も終わりだよ。さあ、元の国に戻ろう

美統は予言の書を妖精に手渡した。

どうもありがとう。とても楽しかったわ！

妖精は頭を下げた。

それでは妖精一同、女神さまのお子様が来るのを楽しみにしております

元の世界に戻ってきた美統は、またスケッチブックをひらきました。
窓の外からは涼しい風がふわりと入ってきます。
猫のニャーゴも気持ちよさそうに鳴いています。

「まさか『予言の書』を読ませたのが、お母さんだったなんて。」

でもおかげで、とっても素敵な体験ができたわ。

索引

〈著者略歴〉
竹内　俊彦（たけうち　としひこ）
2006/04 ～ 2009/03　川村学園女子大学 教育学部情報教育学科 非常勤講師
2007/04 ～ 2009/03　茨城大学 教育センター 専任講師
2007/04 ～ 2010/03　東京理科大学 理学部第二部数学科非常勤講師
2009/04 ～ 2019/03　東京福祉大学 教育学部 准教授
2019/04 ～現在　駿河台大学 メディア情報学部 メディア情報学科 准教授

【著書】
『はじめてのS-PLUS/R言語プログラミング』（オーム社、単著）2005/11
『授業を効果的にする50の技法』（アルク　オンデマンドブックス、共著）2007/11

〈絵〉
山口　真理子（やまぐち　まりこ）
フリーランスのイラストレーター・グラフィックデザイナー。美術系専門学校の講師も務める。毎年、個展やグループ展を開催。絵本をはじめとする作品の発表を続けている。

統計学の絵本

2021年12月20日　第1版第1刷発行

著　者　竹内俊彦
絵　山口真理子
発行者　村上和夫
発行所　株式会社 オーム社
郵便番号　101-8460
東京都千代田区神田錦町 3-1
電話　03(3233)0641(代表)
URL https://www.ohmsha.co.jp/

組版　リブロワークス　印刷　壮光舎印刷　製本　牧製本印刷
ISBN978-4-274-22796-7　Printed in Japan